JN100302

小型・軽トラック年代記

三輪自動車の隆盛と四輪車の台頭

1904−1969

桂木洋二

グランプリ出版

はじめに

　100年ほど前の小規模な企業における荷物の運搬は、大八車や自転車のリアカーなどで動力は人力に頼っていた。人力で坂を上るのが大変で、後方から押して上りきるのを助ける立ちん坊が坂の下にいて、要請に応じて仕事をし、わずかな謝礼を得る光景が見られたという。

　馬力が小さくとも人力に代わる動力を備えれば運搬が楽になる。大正時代に自転車に小さなエンジンをとりつける者が大阪に現れ、それを契機にやがて三輪トラックが登場する。それでも小企業にとっては大変な負担で、車両価格を低く抑え、維持費を安くする必要から三輪トラックが生まれたのである。価格の高い四輪トラックは贅沢の極みで少数しか生産されない。トヨタや日産が生産する大型トラックは一部の大企業と軍部以外には手が出せないもので、乗用車となれば庶民にとっては文字どおり高嶺の花だった。

　太平洋戦争前に日本は多少なりとも豊かになりつつあり、三輪トラックの需要はそれなりに活発になった。戦争中の停滞を経て、戦後になると経済発展が続き、需要はさらに高まった。それにつれて技術的に進化し性能も良くなってきた。とはいえ、運転者は吹きさらしのなかに置かれ、安定性も良くなく、かろうじて設けられた助手席は粗末で安全性でも劣っていた。

　三輪車の持つ欠点を少しでもなくそうと装備が充実され、エンジンパワーも大きくなってきた。そうなると車両価格は上がる。経済的に潤うようになり、ユーザーもそれを受け入れた。三輪メーカーの競争は激しく、新しい装備の新車が次々に登場するようになる。

　こうした状況の変化を見据えていたトヨタは、三輪トラックのユーザーをターゲットにしたコストを抑えた四輪トラックを市場に投入する。それまでの乗用車と共通部品の多いトラックと違い、コスト低減を最優先した三輪車との価格差が小さいトラックである。快適性に勝る四輪トラックは魅力的だった。トヨタの狙いはあたり、小型四輪トラックの需要が高まり、他のメーカーも競って参入する。これを契機に三輪トラックの全盛時代に陰りが見えるようになり、三輪メーカーは四輪部門に進出していく。優遇措置のある軽自動車部門も注目されるようになり、自動車メーカーの競争は新しい段階に入っていく。

　この本が1960年代までの小型・軽トラックの記述になっているのは、トラックの世界は目に見えるように変遷する時代がここで終わっているからだ。70年代になるとトラックのかたちは完成に近づき、見た目でも変化は小さくなる。貧しかった時代から脱皮していく歴史をトラックの変遷を通じてたどるのも面白いのではないだろうか。

　本書は月刊『モーターファン』をはじめ、自動車工業会や中沖満氏の資料に多くを負っている。とくに掲載を快く許可してくれた株式会社三栄の鈴木脩己氏に感謝したい。そのほかにも多くの人たちにお世話になった。ここに感謝の意を表したい。

桂木洋二

目　次

第4章　軽三輪及び軽四輪トラックの時代

第5章　1960年代を中心とした小型トラックの動向

1960年代までの主なメーカーの沿革一覧（50音順）

第1章　小型トラックの歴史・戦前編

1. 揺籃期の国産小型車

■自動車と法律

　現在の車両規定では、自動車の種類として軽自動車、小型自動車、普通自動車とがある。原則的にはトラックも乗用車も同じである。この分類は、戦後になってからできたもので、戦前は軽自動車がなかったし、小型車のサイズやエンジン排気量も、現在とは違うものだった。

　自動車は、この車両の規格を定めている車両規則のほかに、車両保安基準法や道路運送基準法などにのっとってつくられている。橋梁や隧道を通ることから車両の大きさなどに制限を設けており、危険物の運搬も規制されている。また、走行安全や衝突安全などに対して、一定の安全性を確保するためにさまざまな規定が設けられている。

　それに、運転する方も一定のスキルを必要とすることから、運転免許を取得することが義務づけられている。

　日本は法治国家であるから、クルマに関してもさまざまな法律がつくられているが、日本に最初にクルマが入ってきたときには、なんの決まりもなかった。前例がないのだから当然のことだ。

　そこで、自動車に関する取締りを実施する必要があるとして、最初にできたのは1903年（明治36年）愛知県令であるといわれている。これは「乗合自動車取締規則」として法令化したもので、明治時代は、各県ごとに自動車関係の取締り規則が設けられていた。この当時の日本にある自動車の保有台数は15台だと「日本自動車工業史稿」に書かれている。

　この法律ができたきっかけも、愛知県当局に乗合自動車の営業を計画した業者が許可申請をしたことにより、急いで法的な根拠を検討して作成したという。それによ

1903年に輸入されたロコモビル2号。
まだクルマがもの珍しい時代だった。

明治屋で使用されたアーガイル号トラック。1909年の写真で、警視庁が車両ナンバーを交付する前年のものである。

り、乗車定員や使用車両や原動機については年2回の検査を受けることや車輪に泥よけを付けること、速度は時速8マイル（12.2km/h）以内にするなどが決められた。しかしながら、この計画そのものが挫折して、乗合自動車、つまり今でいうバスの営業は沙汰止みになり、この県令はしばらく空文のままになったということだ。しかし、これが全国の都道府県の取締規則の見本になった。

次いで、京都府で同様に府令ができ、東京府では1907年（明治40年）に警視庁令として「自動車取締規則」がつくられている。

東京の警視庁が車両にナンバーを交付したのは1910年（明治43年）で、その第1号は三越呉服店のトラックだった。そして、日本で全国的に自動車取締規則を統一して、免許制度を導入したのは1919年（大正8年）のことである。このときから自動車に関する中央行政は、内務省の管轄になった。

このころに、自動車や交通関係の法律が整備された。運転免許は四輪自動車を対象としたもので、オートバイなどは対象外だったので無免許で乗ることができた。自転車などと同じあつかいだったわけだ。

■国産小型車の登場

最初のうちは、輸入車がほとんどであったが、1920年代になると、数は多くないものの国産車がつくられるようになる。それらは輸入車よりひとまわり小さいサイズのものが多かった。輸入車より車両価格を安くして燃料消費も少なくて済むように、国産車としての特徴を出そうとしたのだ。これらはおおむね1000cc前後のエンジン排気量のクルマだった。輸入車よりサイズ的にも小さいことから小型車と称された。

しかしながら、この当時は車両区分などは決められておらず、車両としては輸入車と同等の扱いを受けて、当然のことながら免許を所有していなくては運転することができなかった。

法律としての小型車が制定されるのは1924年（大正13年）のことで、これは主としてオート三輪車などを対象にして無免許で乗れるものだった。この小型車規定が改定されて、やがて四輪小型車が登場するようになるが、これら車両規格として認められた小型車は、そのまえに輸入車と区別するために呼称された小型車とはエンジン排気量も車両サイズも違うものである。規定ができる前の小型車という名称は、輸入車との区別を付けるために、便宜上かってに呼称されたものだ。もちろん、戦後になって新しい規格として誕生した小型車は、これとは全く別のものである。

法律に基づく戦前の小型車は、主としてオート三輪車を対象にしてつくられたものであ

る。自然発生的につくられて普及しつつあったオート三輪車は、法律の埒外にあるクルマであったが、1924年に自動車として定義され、行政の指導を受けるようになったのだ。

それ以前の小型車は四輪自動車をさしており、いずれも国産車を日本に根付かせたいという情熱を持った先駆的な技術者を中心につくられたものだった。軍部主導のトラックの開発とは異なり、小型車をつくるのは官を頼りにしない民間であり、対象とするユーザーも民間を相手にしたものだった。

それらのメーカーとして主要なものが、橋本増次郎の「快進社」(後のダット自動車商会)であり、豊川順弥の「白楊社」であり、ウイリアム・ゴーハムと後藤敬義の「実用自動車」であり、太田祐雄の「太田自動車」である。「快進社」はダット号、「白楊社」はオートモ号及びアレス号、「実用自動車」はゴーハム号およびリラー号、「太田自動車」はオオタ号をつくった。いずれも、乗用車を中心にして販売を延ばすためにトラックもつくっている。

どれも、輸入車相手に苦戦を強いられて、事業として成功していない。先駆者としての苦労をたっぷりと味わったのである。このうち「ダット自動車商会」と「実用自動車」は合併して、日産の源流のひとつとして活動することになる。

当時の国産車としては、もっとも性能的に優れたクルマをつくり出した「白楊社」は昭和の初めに解散するが、有能な人材を自動車業界に送り出す働きをした。その代表となるのが「日本内燃機」(くろがね)の蒔田鉄司である。

ここまでは、日本の自動車の揺籃期であり、小型トラックはオート三輪車から始まる。

■日本の自動車事情とトラック

日本に自動車が入ってきた20世紀の初頭から20年ほどのあいだは、トラックの需要はあまりなかった。自動車そのものが珍しく、富裕階層のなかで自動車に興味を持つ一部の人たちや、何らかの関係で自動車に接して、その虜になった人たちに限られた存在だった。荷物の輸送などに使用するというより、大人のおもちゃとしての道楽の対象だった。

当時は、現在のようにボディが架装されて完成したクルマとして販売するのは一部で、その多くはパワーユニットを取り付けたフレーム付きのシャシーが販売され、それを購入したユーザーが自分で好みや使用形態にあったボディを架装するのが普通だった。現在の特装トラックと同じと思えばいい。

当時の輸入代理店となっている販売店では、ボディの架装をするための職人を雇い入れて、顧客の要望に応える体制がつくられていた。トラックとして使用するには荷台を持つボディを装着すればよいから、需要さえあればトラックを調達することが可能だった。当時は、エンジン出力もそれほど高くはなく、トラックと乗用車と異なる仕様にする必要はさほど認められなかっ

1911年に輸入されたランドレー号のシャシー。これにボディを販売代理店などで架装した。ユーザーの要求により、トラックにも乗用車にもなるものだった。

たのだ。

　日本での自動車の発展で、欧米と違いが見られるのは、馬車による文化を持たなかったことが影響している。人々の移動に馬車を使用すれば、必然的に道路を馬車が走りやすいように整備する。道幅も広くして道路のでこぼこもなくす必要がある。これに対して、移動はもっぱら歩くことに頼った日本では、狭くて済むことから道路の整備の仕方も自ずと違っている。江戸幕府がつくられてからは、一朝ことあるときに本拠地の江戸に敵が素早く攻め入ることができないことが重要だった。したがって、人々がスピーディに移動できる体制にすることは用心深く避けられたのである。

　明治になってからは鉄道が敷かれるようになり、軍隊の移動が迅速にできるように工夫されたものの、民間の輸送は旧態依然であった。トラックの必要性が高くならなかったのである。したがって、トラックの需要も、まずは陸軍が兵器と人員の移動のために必要を感じて動き出したことによって、自動車メーカーの誕生が促されたのである。

■日本独特のオート三輪車の登場

　民間での目立った変化は、第一次世界大戦による日本の好景気になったことの影響だった。戦場となったヨーロッパでは工業製品の生産が停滞して、日本に注文が殺到した。欧米の優れた技術導入を進めていた日本では、このころになると欧米が要求する技術水準の製品をつくれるようになっていた。このために、鉄鋼製品などをつくっていた町工場が戦争成金となり、企業として大きくなることができた。好景気が到来して、輸入車の売れ行きも急増し、日本でのクルマの保有台数が増えた。

　しかし、戦争による特需は当然のことながら長くは続かない。その反動で需要が減退し、一変して不景気に移行する。しかし、好景気で拡大した企業は、新規の事業に乗り出そうとする。好景気の後の不況は、往々にして新しいビジネスを生み出すものだ。この当時、自動車関連の事業は伸びていくと予想されるもののひとつだった。国産化の動きがあちこちで試みられたのも、この時期のことである。

　このころには、輸入されたものをもとに日本でも自転車がつくられるようになっていた。日本の自転車は、主として大阪でつくられ、使われるパーツの規格化も進められていた。江戸時代から日本の台所といわれて経済の中心だった大阪にあっては、商人を始めと

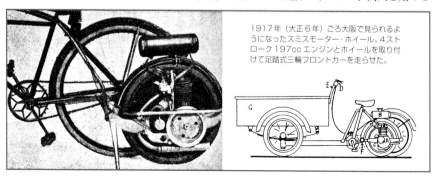

1917年（大正6年）ごろ大阪で見られるようになったスミスモーター・ホイール。4ストローク197ccエンジンとホイールを取り付けて足踏式三輪フロントカーを走らせた。

して事業を営む人たちは進取の気性に富んでいた。三井や三菱や住友などの財閥企業は政府の方針に添って、その恩恵を被りながらリスクの少ない儲け仕事に乗りだしていたが、それとは無縁の商人や製造業の人たちが新しい仕事に精を出してきたのである。

　オート三輪車は、日本独特の自動車の典型である。欧米のモノまねではなく、日本で自然発生的に誕生して発展していったものだ。それも、大阪や広島などの元気な地域の人たちによって成立している。

　たまたま輸入された1.5〜2馬力程度のアメリカ製スミスモーターのエンジンを自転車に取り付けたところから始まった。この簡易な4サイクルエンジンは、車輪つきで販売された。

　自転車に取り付けて駆動すれば、坂道でも楽に走ることができるもので、第一次世界大戦による好景気で利益を上げたところに売り込むことに成功した。といっても、自転車自身が普通の人の数か月分の働きに

大正時代初期（1910年代）に荷物運びに使用されたフロントカー。前に荷箱があり、これにスミスモーター・ホイールを取り付けたのがオート三輪の始まりだった。

匹敵する高価なモノであったから、こうした動力付きの自転車を購入できるのも、まだ限られた範囲の人たちであった。

　オート三輪車の起源になったのは、前2輪の3輪自転車が登場したことによる。フロントカーと称して、小さい荷台を前に着けた自転車がつくられ、これをもう少し大きな荷物を積んで移動できるように、輸入されたスミスモーターが取り付けられた。動力つきのホイールを別に装着するから厳密にいえばオート三輪車ではない。

　こうした動力付きの自転車は、クラッチもなかったから最初のうちはエンジンを掛けて、走り出したらエンジンを切って、後は足で地面を蹴って進む程度のものだったが、そのうちにクラッチがつけられ、エンジンだけ積んでホイールを駆動するようになった。

　ところが、前2輪のフロントカーは安定性に欠ける上に、荷物で前が見えなくなることもある。そこで、リアを2輪にしたリアカーが登場し、オート三輪車の原型がつくられた。最初のうちは、リアの片輪だけをチェーンで駆動するものだったから、コーナーでは曲がりづらかったが、やがて自動車同様にデフが付いたものが登場するようになった。エンジンもスミスモーターだけでなく、イギリスからも3馬力程度のJAPエンジンが輸入されるようになって広く使用された。

　まともに走るようになったオート三輪車が登場するのは1920年代半ばになってからで、大阪の川内松之助が始めたウエルビー号、次いで神戸の兵庫モータース東野喜一によるHMC号、京都の大沢商会がBSAエンジンを搭載したサクセス号などだった。

■小型自動車規格の誕生による影響

　日本で自動車取締規則が統一されて免許制度を導入した1919年（大正8年）に、オートバイやオート三輪車はその対象から除外され、免許を取得しないでよいことになった。自転

1918年ごろのシガネット・リアカー。オートバイ用エンジンを装着した大馬力だっただけに操縦がむずかしかったといわれる。

1922年にリアに荷台を付けた鋼輪社のKRS型。ウエルビー号とともにオート三輪車の原型となったもの。

1920年代半ばごろに出現したリーディング・スタンダード。輸入されたハーレーやインディアンなどの後輪を取り外してリアカーにしたもの。16～20馬力で90貫積みと伝えられる。

車の延長線上にあるもので、本格的な自動車とは見なされなかったのだ。エンジンの出力は3馬力以下でスピードもせいぜい20km/h程度であったからだろう。

ところが、いったん動力を装着して数多くつくられるようになると、競争原理が働いて、さらに性能の良いものにしようと進化が図られる。荷物も150kg以上積めるようになり、大阪など関西方面で台数が増えたので、いつまでも野放し状態にしておくわけにはいかなくなった。

内務省では、従来どおり無免許で運転できることを認めるものの、製造販売する業者に対して車両の製造許可を出願させて、それに合格したものだけ認可することにした。行政として管理監督する必要のある製品になったのである。

オートバイやオート三輪車を対象にした自動車の規格がきちんとつくられることになったのは、前述したように1924年（大正13年）である。このときに、小型自動車という名称がつくられたが、これは四輪車ではなくオートバイとオート三輪車を対象にしたもので、動力付きで道路を走るものは車輪の数に関係なく自動車と呼ぶことになっていた。

このときの小型車の規定は、それまでのオート三輪車を追認するものだった。エンジンは350cc以内または3馬力以内、全長は8尺（2.4m）以内、全幅3尺（0.9m）以内、積載量は40～50貫（150～187.5kg）以内、一人乗り、価格600円程度、速度16マイル（26km/h）以下、変速機は前進2段となっている。

このときの規定は、将来のオート三輪車の方向を考慮してつくられたものではなく、現にあるものを基準にするかたちで管理監督するという思想のもとに決められた。

ちなみに、日本の伝統的な荷グルマである大八車も長さ8尺、幅2.5尺で、同じようなサイズである。江戸時代前期から長く陸上における荷物の運搬の主役をつとめ、戦後すぐの

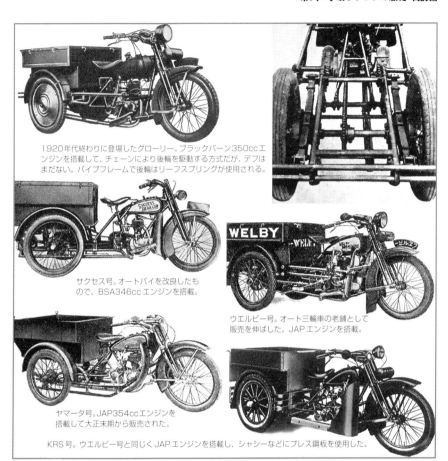

1920年代終わりに登場したグローリー。ブラックバーン350ccエンジンを搭載して、チェーンにより後輪を駆動する方式だが、デフはまだない。パイプフレームで後輪はリーフスプリングが使用される。

サクセス号。オートバイを改良したもので、BSA346ccエンジンを搭載。

ウエルビー号。オート三輪車の老舗として販売を伸ばした。JAPエンジンを搭載。

ヤマータ号。JAP354ccエンジンを搭載して大正末期から販売された。

KRS号。ウエルビー号と同じくJAPエンジンを搭載し、シャシーなどにプレス鋼板を使用した。

時代にも見られたくらい長い年月にわたって使用された。

　新しい小型車の車両規定がつくられたことによって、オート三輪車をつくろうとするメーカーが増えた。輸入エンジンの入手はむずかしいものではなく、それに自転車より少し複雑な機構の3輪車に仕立て上げるだけだから、あるレベルの機械的な素養と職人芸を持っていればつくることが可能だった。

　大阪でメーカーが多かったのは、部品の入手が比較的に容易であることも影響していたようだ。スミスモーターは、もともと大阪が販売の中心だった。

　車両取締り当局である内務省は、メーカーとして名乗りをあげるには、製作したオート三輪車が規格に合致しているだけでなく、走行中にトラブルが出ないようなレベルになっているかなど認可の基準をもうけ、メーカーを限定する意図を持っていた。したがって、市中に出回るオート三輪車は、一定の水準に達したものになっていた。

　生産台数が増えるにつれて、ユーザーはより多くの荷物が積めることを求めるように

左がDKW2ストローク206ccエンジンを使用、荷台も低くシートも立派なもの。エンジンをフロントホイールの上や横に置いて前輪駆動とした変わり種のオート三輪車。右は水野式三輪車で水冷エンジンを使用している。前輪の左側にエンジンとトランスミッション、右側に燃料タンクとラジエターが装着されている。

なった。

　すぐに50貫目までの積載制限では納まらなくなった。というより、規格が現状追認だったから、クルマとしての性能が上がれば、それ以上の重い荷物を積載することができ、規定を無視して多く積むクルマが増えてきた。なかには、規定を越えたものに関して新しく認可を受けて、小型車枠を越えたものにするために審査を受ける良心的なメーカーもでてきた。これはこれで、その都度審査しなくてはならないもので、当局にしても事務的に煩雑にならざるを得なかった。

　オート三輪メーカーのほうでも、小型車の枠を拡大して、より多くの荷物が積めるように規定を改定する申請をくり返した。そのために、オート三輪車メーカーの団体もつくられた。その間にも、オート三輪車は零細企業を中心にして保有台数が増え続けた。

■小型車規定の改定と社会状況

　小型車規定が改定されるのは1930年(昭和5年)2月のことで、メーカーの要望に応えるものであった。エンジン排気量は4サイクル500cc(2サイクル350cc)までに引き上げられ、車両サイズも全長2.8m、全幅1.2m、全高1.8m以内となった。依然として無免許一人乗りであった。

　これにより、オート三輪車は新しい段階を迎える。国産エンジンが登場するようになり、販売台数も増えていった。それにつれて、これまでにない生産量を確保するメーカーが登場する。

　このときの小型車の規定改定の影響は、オート三輪車に留まらなかった。これが小型四輪車という、これまでにない自動車を誕生させることになったのである。

　大きな社会的な変化をもたらしたのは関東大震災である。これで、東京圏が大きく変わることになり、交通網が新しく整備された。自動車の輸入が増えたことにより、フォードやゼネラルモータースが相次いで日本で組立工場をつくり、アメリカ製のフォードやシボレーがこれまで以上に販売され、ハイヤーやタクシーが都市部で増えてきた。自動車の保有台数が多くなれば、それにつれて補修部品が必要になり、自動車部品をつくるところが増えてくる。あるレベルの製品になっていなくては要求に応えることができないから、日

本の工業レベルを引き上げる働きをした。運動靴などをつくっていたブリヂストンが、自動車用タイヤの生産に乗り出したのは1930年のことである。日産コンツェルンのなかの中心的な企業である戸畑鋳物も、自動車用の部品である鋳物製品や電装品などをつくるようになり、フォードやゼネラルモータースとの取引を拡大していった。国産自動車がつくられる環境が整ってきたともいえる。

しかし、小型車規定が改定された1930年には、日本にも不景気の波が押し寄せてきた。前年にアメリカのウォール街の株価の暴落に端を発した世界恐慌の影響である。農村部での貧困が深刻化したが、いっぽうでは不況の脱出には工業化が欠かせないと、新しい産業が脚光を浴びることになった。工業製品は輸入に頼るところがあったが、外貨が不足していることから、国産化が奨励された。重要産業統制法が制定されて商工省が中心となって紡績や鉄鋼などを国家的な規模で発展させようとする。こうした動きは、次第に軍需優先の国家的な統制につながる第一歩でもあった。

2. 国内自動車メーカーの勃興と小型四輪車

■小型四輪車の登場

民間で使用する自動車をつくる動きが活発になるのは、小型自動車の規定が500ccまで引き上げられた影響があった。それまでも、フォードやシボレーなどよりサイズの小さいクルマがつくられたが、小型車が500ccまでに引き上げられたことで、国産小型車のひとつの基準がつくられた意味があった。本当はもう少し大きいサイズで2人ないし4人乗りのほうが好ましかったろうが、無免許で乗れるというのは大きな魅力だった。

小型車の改訂は、自動車関連の人たちが事前に知るところとなっていた。オート三輪メーカーだけでなく、それまで自動車を細々とつくっていたところも、小型車規格の改訂を要請して運動していた。500ccエンジンとなれば、四輪車をつくることができるぎりぎりの大きさであったから期待を寄せていたのである。

小型車規定の改訂によりつくられた四輪車の代表となるのが、後にダットサンと言われるクルマである。ダットサンといえば、日産を代表するクルマとなるが、最初から日産車だったわけではなく、いくつかのメーカーが合併などをくり返して日産という巨大メーカーにたどり着いたものである。つまり、日産自動車が誕生する前に、小型自動車であるダットサンの前身であるダットソンがすでに開発されているのだ。

その経過を掻い摘んで見ることにしよう。

ここで、再び第一次世界大戦による好景気に湧く大阪に戻ること

1930年当時のダット自動車製造大阪工場。ここでダットサンの元になる小型車が開発され、最初に生産された。

にする。というのは、戦争で莫大な利益を上げた久保田鉄工が、好景気が長く続くことはないと見越して、当時の新しい製品である自動車に注目して投資することになったからである。

　といっても、自動車メーカーに転換しようとしたものではなく、ウイリアム・ゴーハムがつくった三輪乗用車に目を付けて、その商品化のために資本を出し、「実用自動車」という自動車メーカーを子会社として誕生させたのである。ゴーハム号と名付けられたこのクルマは、ハーレーの部品を使用した簡易自動車ともいうべき三輪乗用車で、排気量も大きくカテゴリーとしては普通車に属するもので、価格が安いのが取り柄だった。

　輸入車にないシンプルな機構の自動車は、たとえ三輪であっても魅力的なものに思え、新しい需要を掘り起こすことが期待されたのだ。しかし、実際にはスピードを上げると転倒しやすく、乗り心地も輸入車とは比較にならないものだった。当時としては月産100台規模の量産体制を整えたことは画期的なことであったが、事業としては成功しなかった。ゴーハム号トラックもつくられ、四輪に改良したものの、販売は伸びなかった。

　航空機技術者として来日し、日本に永住することになるウイリアム・ゴーハムが設計製作したものだったので、舶来品に弱い日本では、それなりにレベルの高いものになっていると事業化したものの、自動車としてみれば商品価値の高いものではなかった。オート三輪のように荷台を優先したものではなく、乗用車タイプに荷物を積載することを可能にしたものだった。

　実用自動車製造は、久保田鉄工の下請けなどをしながら捲土重来を図らざるを得なかったのである。その後に、ゴーハム号とは別に新しく設計製作した四輪自動車のリラー号を開発したが、やはり販売は伸びなかった。それでも、親会社がしっかりしていたので事業を続けることができたものの、打開策を講じざるをえなくなり、「ダット自動車商会」と合併したのが1926年（大正15年）9月であった。このときに社名は「ダット自動車製造」と改められた。

　「実用自動車製造」時代から自動車の改良や開発の中心になっていたのが後藤敬義であった。小型自動車の規定が改訂されるというニュースを彼が掴んだのは、実施される2年前のことで、このときに小型四輪車をつくる計画を立てている。それまでの彼らのクルマは、フォードやシボレーと同じカテゴリーに属すことになっていたが、小型車をつくれば

実用自動車製造で最初につくられた三輪乗用車に荷台をつけたゴーハム号トラック（左）、及びそれを四輪に改良したゴーハム号トラック。

The "GORHAM TRUCK CAR"

實用貨物自動車

無免許で乗れる特典を生かすことができる。
オート三輪車しかないところに新しく四輪小
型車が登場すれば注目され、新しい日本独特
のクルマとして価値のあるものになる可能性
があった。問題は、どれだけコストをかけず
につくれるかである。試算したところでは、
月10台の生産で車両価格1000円なら利益がで
ることが予測できた。これにより、開発に
ゴーが掛けられた。

1925年製のリラー号トラック。まだ小型車規定
が500ccになる以前のクルマで、これを完成さ
せたことでダットサンをつくる技術を蓄積した。

　この時代のオート三輪車のエンジンは、空
冷の単気筒で機構的にもシンプルであったか
ら価格が安くて済んでいた。しかし、四輪と
なるとそれなりにレベルの高い機構にする必要があるというのが後藤の考えだった。
ゴーハム号やリラー号の経験があり、久保田鉄工をバックに持つ新生の「ダット自動車製
造」は、自動車の開発では町工場レベルとは桁違いの技術力を持っていたし、資金力も
あった。

　それを背景にして開発するのであるから、小型車の枠に入るものであっても、機構的に
はフォードやシボレーに匹敵する内容のものにするのが企画の重要ポイントであった。
500ccという小排気量でありながらエンジンを水冷の直列4気筒にしたのは、その考えを具
体化したものである。

　イギリスやフランスのクルマのエンジンを参考にしながらつくったものであるとはい
え、材料から鋳物の手配など、一定の性能のものにするのは大変なことだった。2年ほど
エンジンの開発にかかり、それから車体のほうの製作に取りかかり、完成したクルマは大
阪から東京まで走行試験を実施している。1905年10月のことだった。

　これで市販する目処が立ったのだが、アメリカから取り寄せた部品点数が多くなるなど
して、計画したときよりコストがかかっていた。それに、市販するためには設備を新しく
しなくてはならず、そのための資金が必要だった。後藤たちにしてみれば、性能的に納得

1926年につくられたダット51号
トラック。実用自動車と合併する前
の軍用をめざしたトラックである。

1931年（昭和6年）に発売されたダットソン
号。まだこの当時はダットサンではなかった。

19

ダットソンからダットサンと改名された。ダットサン10型は、小荷物配送車としてつくられた。

のいくレベルになっていたから生産してほしかったが、親会社はリスクの大きさに躊躇したのである。

むずかしい判断であるが、このときに久保田鉄工が資金を投入して販売に力を入れていれば、あるいは自動車メーカーとして存在感を示し、その後も活動するチャンスがあったかもし

れない。しかし、資金投入はされずに鮎川義介の主宰する「日本産業」に資金援助を求める道が選択されたのである。

「日産コンツェルン」を主宰する鮎川は、自動車産業を日本に根付かせることに情熱を持っていたが、本音はフォードやシボレーなどと同じクラスのクルマを量産することを目標にしていた。したがって、このダットソンと名付けられた小型車にはあまり興味を持っていなかったが、自動車の製造販売のプラクティスとして引き受けることにしたのだった。

ダットサンは、新興の財閥グループとして勢いのある日産グループ傘下で生産されることで、資金と人材が投入されて販売を延ばすことに成功した。これにより、四輪小型自動車というカテゴリーを日本で確立することに貢献した。実際に、乗用車とトラックは同じように量産され、1933年(昭和8年)に設立された日産自動車の屋台骨を支えるクルマとなった。ダットサンは、アドバルーンによる派手なPRでその名前が知られるようになり、日本を代表する自動車となったのである。

なお、これは当初ダットソンという車名にされたのは、橋本増次郎がつくったダット号のパーツをかなり使っていたために、ダットの息子という意味だったが、ソンというのは商売上良くないとして、日産傘下に入ってからダットサンという名前になったものである。

■太田の小型自動車

小型四輪部門で、日産のダットサンに次いで実績のあるのがオオタ号である。クルマの出来では甲乙付けがたいものだろうが、町工場からスタートした太田自動車が、資本力や販売力などでダットサンに大きな差を付けられたのは仕方ないことだった。性能の良いものをつくっても、それを量産化するためには膨大な投資をして機械設備を整えなくてはならないし、世の中に知らしめるためにPR活動をする必要がある。特に、戦前の自動車のように舶来品が優秀と思われる時代では、それだけで大きなハンディキャップを背負っていたのである。しかしながら、そのなかでダットサンと並び称される自動車をつくったと評価されているのは大変なことである。

欧米でも、草創期にはずば抜けた能力を持った個人がその力量を発揮して自動車メーカーの基礎をつくった例が見受けられるが、太田自動車は、日本でのその代表である。最初は飛行機に関わった技術者である太田祐雄は、特に技術教育を受けていないが、子供の

ころから機械好きで能力を磨いて大成した
ものである。

航空機は、軍用として明治時代から陸海
軍によって日本の空を飛ぶようになった。
ライト兄弟の飛行の7年後の1910年（明治43
年）には日本最初の飛行が東京の代々木に
あった練兵場でおこなわれた。このころに
は民間でも飛行機熱が盛んとなり、フラン
スなどから購入したエンジンを利用して国
産機をつくり、その初飛行競争が展開され

ダットサンに次いで新しい規定の小型自
動車部門に参入したオオタ号トラック。

た。特に熱心だったのは道楽として関わった奈良原三次や伊賀氏広や滋野清武などの男爵
家の御曹司たちで、それぞれに職人や技術に心得のある人たちを雇って、日本初をかけて
挑戦した。

伊賀男爵のところでエンジンの整備や機体製作に関わったのが太田である。まだ20歳を
ちょっと出たころであったが、優秀な助手だった。国産機初の飛行の成功は奈良原のもの
になったが、それから数年のうちに奈良原も伊賀も、親たちにこれ以上の道楽は許さない
といわれて、航空機の世界から足を洗っている。

1912年に太田は独立して「太田工場」を設立して、航空機関係の技術的な仕事を引き受け
るようになる。太田は、機械に強いだけでなく、機械製作所に勤務しているときに電気に
ついても学んでいた。

1917年には、工場を東京の神田柳原に移すとともに「太田自動車製造所」のカンバンを掲
げた。飛行機関係の仕事もあったものの、将来のことを考慮して自動車中心にしていくこ
とにしたのだ。飛行機も自動車も、この当時はお金持ちの道楽である点では同じであった
ろうが、飛行機は軍用が中心で民間で普及するものになるとは思われなかった。これに対
し、自動車は民間の使用がほとんどで、保有台数は年々増えていった。また、自分でつく
るとすれば飛行機より自動車であると太田が考えたのも自然なことだった。

太田は、航空機エンジンの整備などの仕事をしながら、自動車関係のエンジン開発計画

オオタ号と太田自動車の首脳陣が靖国神社で記念撮
影。右側3人の中央が太田祐雄で、左側に立つのが
その息子兄弟で、父を助けてよく協力した。

を進めた。太田が950cc水冷直列4気
筒エンジンにとり組んだのは1918年
（大正7年）、完成させたのは2年後の
1920年であった。このエンジンを搭
載したクルマも翌年に完成させた。
このクルマは1台だけしかつくられ
なかったが、その後10年以上同社で
使用され続けたという。直列4気筒
エンジンであることに太田の志の高
さ・誇りが感じられる。これは特に
依頼されたものではなく、自分の持

21

1921年につくられたオオタOS型。太田による最初の本格的な乗用車として完成したもの。

てる技術を存分に発揮して、将来に向けての挑戦であった。

このころの主な仕事は、スパイラルギアやバルブやピストンリングなどのエンジン用部品の製作であった。輸入車の補修用などであるが、他の工場でつくることがむずかしいパーツの製作を太田が引き受けた。

1930年に小型車が500ccにまで引き上げられたことは、太田にとってのチャンスであった。それまでのエンジンは950cc4気筒であったから、これをベースにして2気筒にすればちょうど良く、エンジンが小さいぶん機構的にシンプルで軽量化が可能だった。太田の技術力を持ってすれば、他のメーカーのクルマに負けないだけのものになる。しかしながら、資金力がないから、生産設備に資金を投入することができずに生産できる台数が限られた。それでも、オオタ号が小型四輪車として存在感を示すことができたのは、性能的に優れていたからである。

■京三号その他の小型四輪車

そのほかの企業にとっても、500ccになった小型車をターゲットにすれば自動車メーカーとなるよいチャンスであったから、名乗りを上げるところが相次いだ。

そのひとつが、電気医療機器や鉄道電気信号などをつくる企業として大正時代に事業を拡大した京三製作所である。電気関係の製品を得意にしていた京三は、昭和になってから日本フォードにテールライトやマフラー、ハブやナットなどの部品を納入していた。1925年に横浜に組立工場を建設して日本に進出を図ったフォードは、部品をアメリカから輸入して日本の工場で組み立てていたが、日本国内で調達できる部品は、積極的に採用した。彼らが求めるクォリティになっていることが条件であるのはいうまでもないが、京三製作所の部品は優秀と認められた。

こうしたなかで、小型車が500ccになった機会に、自動車メーカーとなる試みが実行に移されたのである。フォードのシャシーを輸入して円太郎バスに改装した技術者など経験者をスカウトしての開発であった。エンジンは水冷ながら単気筒というシンプルなものだった。車両も500kg積みのトラックのみとした。ある程度の資本力があり、試作車が完成した段階で販売組織もつくられた。

京三ライトトラック。水冷単気筒エンジンでトラックのみがつくられた。

もう一台の小型四輪車はローランド号で、当時としては珍しい前輪駆動車だった。製作の中心になったのは川真田和汪というオートバイライダーとして有名な人物だった。

ハーレーダビットソンでは誰よりも速く走ることができると評判になり、レースの世界で良く知られていた。積極的にいろんな人物や組織に近づき、知己となって活

1931年に製作されたローランド号。アメリカのコード車を参考にしてつくられた珍しいFF車でもあった。

動の幅を広げるタイプだった。1925年ころから名古屋にある工場で小型エンジンの試作を始めた。500ccの小型車両規定がつくられると、これに合致したエンジンをつくり、前から計画していた前輪駆動車として完成させた。後にトヨタ自動車の副社長になる東京大学の隈部一雄教授とも親しくなり、その推薦で高松宮に買い上げてもらうなど話題づくりも豊富だった。

エンジンは水冷V型2気筒でドライサンプ式潤滑で、FF方式であることから軽量に仕上げられていた。このローランド号の部品を使用して同じ前輪駆動の瑞穂号が名古屋の高内自動車でつくられて販売された。この高内自動車は、最初に川真田がエンジンの試作を始めた工場であり、その後も新しく設立される「東京自動車製造」で同タイプのクルマがつくられ、こちらは筑波号と称された。どうやら川真田は自分が中心になってつくったクルマの権利をあちこちに移譲したようで、自身で自動車を生産していく計画はなかったようだ。いずれにしても、アメリカのコード車を見本にして前輪駆動車を小さいサイズでつくりあげたのはユニークなことであった。

3. エンジン開発とオート三輪車の隆盛

■国産エンジンによるオート三輪時代の到来

1930年の小型車500ccの規定は、オート三輪車の世界にも大きな変化をもたらした。その変化の中心になったのが、白楊社から1926年に離れて独立した蒔田鉄司である。白楊社時代には、アロー号やオートモ号の開発に設計部長として中心的に関わった技術者で、白楊社を主宰する豊川順弥と同じく蔵前工業高校(現東京工業大学)出身であった。白楊社のエンジンには空冷と水冷があり、当時としては先進的であったオーバーヘッドバルブを採用したエンジンがつくられていた。

大正年間では、白楊社に集った技術者たちがもっとも進んだ自動車技術を蓄積したといえるだろう。白楊社が解散されてからちりぢりになった技術者のうち何人かはトヨタ自動車に入って技術的貢献をしている。

白楊社を離れてから「秀工舎」として活動を始めた蒔田は、資本力もないからまずは当時イギリスから輸入されていたJAPエンジンを使用したオート三輪車を設計、それを販売し

1928年につくられた最初のニューエラー号。くろがねの前身となる秀工舎でイギリスのJAPエンジンを搭載してつくられた。まだ片輪を駆動するもので、190kg積みだった。

イギリスから輸入されて最も多くオート三輪車用として使用されたJAPエンジン。4サイクル空冷単気筒500cc。

た。「ニューエラー（新時代の意）号」と名乗ったオート三輪車は、四輪車で経験を積んだだけあって、それまでのものより性能的に良くできていたのだ。

　蒔田が設計に当たってもっとも留意したのは、クルマとしての全体のバランスだった。良い部分と良くない部分とあると、クルマとしては良くない部分のレベルのものになるからだ。蒔田は、そうしたクルマの勘どころをしっかりと押さえた数少ない技術者のひとりであった。

　町工場程度の規模であるから少量生産だったが、ニューエラー号は評判になった。これに目を付けたのが大倉喜七郎がオーナーとなっている「日本自動車」で、秀工舎はここに吸収されるかたちとなり、技術担当常務として蒔田が車両開発活動をすることになった。大倉自身は活動の前面に立つわけではなく、事業として規模を大きくするというより、そこで活動している人たちの糊口をしのぐことが狙いだった。

　もともと大倉の道楽で始めたものであり、古くから続いていたものの、このときには事業の中心だったハーレーダビッドソンの販売権を三共商会に奪われて思案に暮れていたときだった。

　それでも、蒔田の個人企業である秀工舎に比較すれば設備も整っており規模も大きい。

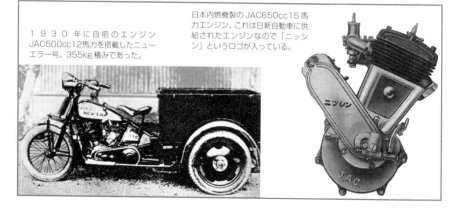

1930年に自前のエンジンJAC500cc12馬力を搭載したニューエラー号。355kg積みであった。

日本内燃機製のJAC650cc15馬力エンジン。これは日新自動車に供給されたエンジンなので「ニッシン」というロゴが入っている。

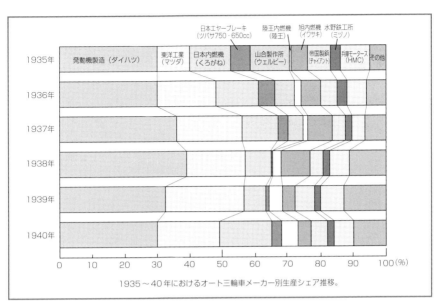

1935～40年におけるオート三輪車メーカー別生産シェア推移。

輸入車の販売といっても、完成したクルマを売るだけではなく、アセンブリで入れたパーツを組み立てたり、ボディを架装したりする作業をするための機械設備をもっていたのだ。

　ここで蒔田は350ccのオート三輪用エンジンを開発する。蒔田は、オート三輪車の使用条件を考慮して主力となっている外国製エンジンよりも使い勝手の良いエンジンにする自信があった。ニューエラー号の車体製作を通じて、エンジンには坂道や悪路で力を発揮する粘りがあることが重要だと考えていた。

　輸入されるエンジンは、良くできているとはいえ、オート三輪車用につくられたものではない。それに、剥き出しで搭載されるエンジンは風雨にさらされるから、トラブルの発生を防ぐにはシンプルで頑丈にする必要があった。こうした配慮をしてエンジンがつくられたのである。

　だから、輸入されるものより良い出来のものになった。1929年（昭和4年）から販売を始めたが、それほど販売は伸びなかった。というのは、単体で輸入されるから関税率が低く、輸入エンジンは比較的安く購入することができるから、国産で手づくりのものではこれよりコスト的に安くすることができなかったのだ。使用してもらえれば良さが分かると思っても、舶来品に対する信頼感が非常に大きかったから、なかなか使う人は現れなかった。蒔田がつくる前にもオートバイやオート三輪車用エンジンを国産化したところがあったが、性能と価格で太刀打ちできずに、いずれも試みとしては成功したとはいえなかった。

　事情が変わるのは小型車規定が500ccに改訂されたことだ。それ以前からエンジンを規定以上に大きくしたものが出回っていた。重い荷物を積めばエンジンに力があった方がいいから大きいエンジンが歓迎される。500ccになると輸入されるオートバイ用のエンジン

JAPエンジンを搭載したMSA。1930年製でデフを装備しており、荷台長さは約1290mm、幅約940mm。

350cc3.5馬力エンジンを自製して搭載したSSD。大正末期からエンジンの国産化に取り組んでいた。積載は50貫（187.5kg）、1930年頃のもの。

を使用することになり、それまでのように簡単に手に入れることができにくくなった。蒔田は、350ccエンジンのボアを大きくして500ccエンジンをつくった。部品の多くは350ccと共用だったから、規定が改定されるとすぐに販売を開始することができた。

最初のうちはなかなか思うように売れなかったが、やがて使い勝手の良さが評価になり、国産エンジンが舶来品より性能が劣っているという認識は次第になくなっていった。それが、オート三輪車の発展に大いに寄与することになったのである。民間による自然発生的に生まれたオート三輪車が、日本独自のトラックとして発展したことは、日本の自動車技術がようやく根付きつつあることを意味した。

■ダイハツもエンジンから始める

オート三輪が新しい時代を迎えるには、これまでの町工場規模のものから量産設備を整えて本格的に生産することが必要だった。蒔田鉄司のニューエラー号とオート三輪用エンジンの国産化は技術的に大いに見るものがあったが、販売を中心にしていた「日本自動車」での生産は、それまでのオート三輪車の製造メーカーと規模的に大差のあるものではなかった。その点、新興勢力であるダイハツと東洋工業の参入は画期的なことであった。

自動車メーカーのなかで、技術力の高さで知られていたのが当時は「発動機製造」という社名だったダイハツである。1907年（明治40年）に大阪で工学関係の大学教授や技術者が中心になって新時代の象徴的な技術であった内燃機関を日本で根付かせようと設立された企業である。鉄道関係や機械関係の設備や動力などで各メーカーや組織から仕事を請け負って技術的な難題の解決に当たった。優秀な技術者を擁して発展、陸軍が軍用トラックを国産化するために試作を真っ先に要請し

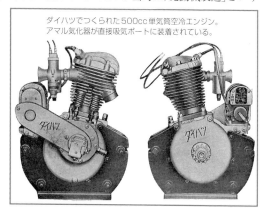

ダイハツでつくられた500cc単気筒空冷エンジン。アマル気化器が直接吸気ポートに装着されている。

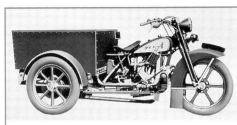

1935年のダイハツHA型。これが最初につくられたプロトタイプであるが、市販もされた。

当時発動機製造と称していたダイハツで製造したツバサHD2型。独自に販売しなかったためツバサ号と称した。

たのもダイハツだった。陸軍からの設計図を元に試作車を完成させたが、それを引き続き生産に移す意向をダイハツは持っていなかった。そのほかに多くの顧客からの技術的な仕事を請け負っていて手一杯だったからだ。これにより、石川島や東京瓦斯電が軍用トラックの生産に乗り出すわけだが、もしダイハツが引き受けていたら、もっとも実績のある伝統的な自動車メーカーとしての道を歩んだかもしれない。

小型車が500ccになったころの不況で、ダイハツは新しい事業に進出しなくてはならないと考えた。そこで目を付けたのがオート三輪用エンジンの製作である。石油機関やガス機関をつくった実績があり、ダイハツの技術を持ってすれば輸入されているエンジンよりも性能的に優れたものをつくるのはむずかしいことではなかった。機構的にシンプルな空冷単気筒エンジンであるから開発も順調で、小型車の規定の改定に合わせて1930年の初めにエンジンを完成させた。

ところが、多くのメーカーは、これまでと同様に輸入エンジンに頼る姿勢を見せて、ダイハツが思っていたように買い手がなかなかつかなかったのだ。鉄道関係の機械類で実績があるとはいえ、それまで輸入エンジンに頼っていたところは、国産エンジンを信頼しない気持ちが強かったのだ。

思惑がはずれたダイハツは、それならと自らがオート三輪メーカーになることにしたのである。組織的に技術開発をする経験が豊富なダイハツでつくるとなれば、問題点の把握から改良ま>でそれまでのメーカーよりスピーディに対処することができ、性能的にも機械的にも優れたものにするのに時間がかからなかった。350ccから500ccになったことで、エンジン性能が上がったことをうまく生かすことができたのである。

最初は、オート三輪をつくっていた「日本エアブレーキ」に車体の生産を依頼したが、数年のうちに独自に生産するようになり、ダイハツブランドとして販売するようになった。

■東洋工業によるオート三輪車部門への参入

マツダの前身である東洋コルク工業が、社名を「東洋工業」と改めたのは1927年(昭和2年)である。それまでは主として瓶の栓となるコルクや氷冷蔵庫の断熱材のコルクなどが中心

マツダで最初につくられたオート三輪車用空冷単気筒エンジン。482ccからスタートした。

だったが、広く事業を拡大するために工業製品をつくることにしたためである。広島にあることから、海軍との関係で兵器などの生産を引き受けて企業として発展した。しかし、根っからの腕の良い職人であり技術に関心の強い経営者である松田重治郎は、軍に頼る仕事ではなく独自の新しい事業を展開しようと考えた。ダイハツが優秀な技術者を集めた組織的に運営される企業であるのに対して、東洋工業はオーナー社長の意向で将来が左右されるワンマン経営という違いがあった。

新しい事業として、四輪自動車に狙いを定めたが、これには技術力と資本力が相当なレベルで要求されるから、いきなり参入するわけにはいかなかった。そこで、まずはオートバイかオート三輪にターゲットを絞った。試作して走らせることに成功したオートバイは、生産しようとすると輸入車より安くすることがむずかしかった。そこで、500ccにエンジン排気量が引き上げられた機会を捉えて、オート三輪車の生産に乗り出すことにしたのである。

参考にしたのは輸入されたエンジンや車体で、ダイハツと同じようにデファレンシャル装置を取り付けてリア2輪を駆動するシャフトドライブにした。それまでのオート三輪車が、リアの片輪をチェーンで駆動する簡易な機構のものが多かったから、四輪自動車と同じ本格的な機構となった。

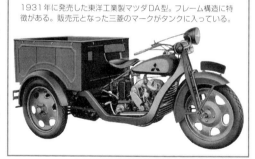

1931年に発売した東洋工業製マツダDA型。フレーム構造に特徴がある。販売元となった三菱のマークがタンクに入っている。

東洋工業は、その生産には最初から精密な加工ができる工作機械を設置して、ある程度の量産体制を整えた。先見の明のある経営者がリスクを覚悟してやったものであるが、オート三輪車の将来が明るいと判断したからであり、これを成功させて、次には四輪自動車の生産まで視野に入れていたのである。

後発メーカーであっても、性能の良いオート三輪車は販売を伸ばすことに成功した。アフターサービスまで考慮した販売であり、生産規模もそれまでのメーカーとは異なるものであった。

■750ccに拡大される小型車規定

1933年(昭和8年)に、小型車の規定が改定されて、エンジン排気量は750cc以下になる。依然として無免許運転が認められ、乗車定員は4人までとなった。それまでのものより性能向上が図られ、小型車であっても本格的な自動車に一歩近づいた。

500ccに引き上げられて、あまりたたないうちから性能向上のために排気量のアップを認めてほしいという申請が、小型四輪メーカーやオート三輪メーカーから出されていた。オート三輪車の場合は500ccになってからは国産メーカーが業界をリードするようになり、それ以前から活動していた小さいメーカーは淘汰されていった。

小型車が500ccになってからオートバイ用の輸入エンジンを使用していたメーカーでは、ダイハツやマツダなどの新興のメーカーに対抗するために、エンジンの排気量を大きくするなどの例が見られた。当時はシリンダーが摩耗するとボーリングして排気量を大きくするのが当たり前だったから、そのためにオーバーサイズのピストンが市販されていて、500ccエンジンを550cc程度にするのは容易であった。認可を受けるときには500ccエンジンとして、実際にはオーバーサイズのエンジンを搭載する違反例も見られたのである。零細メーカーにしてみれば、こうでもしなくては性能の良い国産オート三輪車に太刀打ちできなかったのだろうが、ときどき摘発されることがあった。

そうしたことも、申請には有利な材料となり、排気量の拡大要求は勢いを増した。

申請運動の内容では、小型四輪メーカーとオート三輪メーカーの意見が分かれた。というのは、エンジン排気量に関しては同じ方向であったが、車両サイズに関しては別であった。オート三輪メーカー側は車両サイズも拡大してほしいと申請していたが、四輪メーカー側はサイズはそのままでいいという主張だった。オート三輪メーカー側はエンジン性能が良くなるのだから、荷台を大きくして積載スペースの拡大を図りたかったのだ。これに対して四輪メーカーのほうは、有力なライバルとなるオースチンセブンが小型車として認められることを恐れた。

イギリスの大衆車として人気のあったオースチンセブンは、ヨーロッパで最初に成功した量産車で、アメリカのフォードT型の影響を受けた経済車である。機構がシンプルであるにもかかわらずバランスがとれて性能的に優れていたから、日本に入ってくるヨーロッパ車ではもっとも数が多かった。自動車メーカーになろうとするところの多くは、オースチンセブンをモデルにして試作することを考

昭和初期（1920年代後半）から日本に最も多く輸入されたヨーロッパ車はオースチンセブンだった。750ccでシンプルな機構の大衆車だった。

えていたくらいだ。従来の小型車よりわずかにサイズが大きいから、小型車のサイズを拡大すれば、オースチンも小型車になり、国産車がこれに喰われることになると反対したのだった。

オート三輪技術者として知られている蒔田鉄司は、こうした四輪メーカーの態度を批判的に見ていた。というのは、有力なライバルと対等に技術競争する気概がなくては、性能の良い自動車の開発などできるものではないと思っていたからだ。その点では、この時代の自動車メーカーとしては、オート三輪車メーカーのほうが四輪小型メーカーよりも勢いがあったというべきだろう。

実際には、四輪メーカーの意向が通って、小型車は750ccまで引き上げられたが、車両サイズはそれまでと同じことになった。しかしながら、この規定の改定は、オート三輪も小型四輪も、ともに隆盛となる働きをしたのである。

　750ccにすると性能的にもかなりなレベルになることから、無免許のままであることに内務省のなかには問題視する意見もあったようだが、民間の活力を前向きに評価して発展するようにしようとする人たちが、反対意見を抑えて小型車規定の改訂に踏み切った。軍事色を強めつつあった当時では、目に見えない英断だったろう。このころからの5、6年はつかの間であったものの、景気も回復して自動車の需要も堅調で、小型車の需要も増えていったのである。

■戦前のオート三輪のピークは1930年代の後半

　500cc時代から機構的に進化してきたオート三輪車は、750ccになってさらに精巧なものになった。ますます技術力があるメーカーが有利となり、メーカーの陶汰がいっそう進んだ。そのために、ダイハツ、くろがね、マツダの3社が群を抜いた販売台数を獲得するようになった。

　エンジンを新しくするには機械設備への投資も必要になるから、最初の段階では500ccをベースにして拡大した600cc前後のエンジンから始まった。500ccエンジンのままでも良いユーザーもいたから、各メーカーが複数のモデルを揃えるようになった。

　蒔田鉄司が中心になって活動する日本自動車は、1932年に社名も「日本内燃機」となり、車名を「ニューエラー」から「くろがね」に変更した。車名として呼びやすく覚えやすいものにするためだった。販売が伸びるにつれて生産設備も充実してきた。また、750ccエンジンにするに当たって、ダイハツやマツダと同じようにデフ付きになった。

　750ccエンジンは、V型2気筒とした。オート三輪は別名バタバタといわれていたが、単気筒では振動が大きく、2気筒にすることによってそれを少なくしようとしたのである。他のメーカーに先駆けて新しくエンジンを開発したのは、技術優先の日本内燃機らしいことであったが、コストがかかるものになり、メーカーの経営としてみれば、ダイハツやマツダの採算を考慮した行き方とは違うところがあった。

　東洋工業でも、V型2気筒750ccエンジンの開発をする計画を立てるが、それはオート三

1934年製のニューエラー号。650ccエンジンを搭載、デフも装備され人気となった。

1937年製のくろがね号。1937年から「くろがね」を名のるようになった。同じ650ccであるが荷台が延長されている。

1932年のマツダ三輪車の自動車雑誌への広告。このときは販売は三菱商事に委託していた。

1936年製のマツダ650cc車。ハンドルもプレス製となり、直線的なフレームも量産タイプとなり、オート三輪車の新しいデザインとなっていた。

輪の販売が飛躍的に伸びてからのことで、実際にはピークを過ぎていて市販されなかった。しかし、生産技術の面では、当時の日本の自動車メーカーのなかでは最先端をいく設備にしていた。654ccにアップされた単気筒エンジンはトランスミッションと一体でつくられた。鋳物でも他のメーカーが試みない進んだ技術を採り入れた。これは、松田重治郎社長と、その息子で2代目社長となる松田恒次などの意向だった。その先に四輪自動車生産を見通していたからでもある。

　販売面でも、当初のマツダ号は三菱商事に委託していたが、1936年に契約を解除して自前の販売組織を確立した。宣伝も、このころから積極的に開始し、販売台数でくろがねを抜き去った。

　トップメーカーとなったダイハツは、750cc規定ができる前から670ccエンジン車を発売していた。そして、規定が改定されるのに合わせて750ccエンジンをラインアップした。500、670、750ccとそろえて、最大の750ccエンジン車には1000kgの積載量のものもつくった。750ccエンジンの開発に際してはV型2気筒も検討したが、シンプルでコスト的にも有利である単気筒を選択している。手堅く着実に行くのがダイハツ流だった。

　小型車が4人まで乗れるようになり、オート三輪車ではようやく人間が座れるような

1934年に発売されたダイハツHT型。750cc単気筒エンジンを搭載し、その性能でダイハツの名を高めた。

1936年型ヂャイアント・ナカノモーター製水冷単気筒650ccエンジンで、フレームや燃料タンクの構造が特徴的だった。

1935年製のMSA。スイスMAGのV型2気筒750ccやくろがね650ccなど、さまざまなエンジンが搭載された。

旭内燃機製のイワサキ号。水冷単気筒650ccエンジンと750ccV型2気筒をつくり、ラジエターは前方に2分割されていた。デフを装備する。

シートが設置されて、2人乗りになった。荷物の積み降ろしには助手を必要とするケースがあったからだが、でこぼこ道などでの激しい振動やコーナーで居眠りなどすると振り落とされ兼ねなかった。実際にそうした事故もあったようだが、居住性や快適性などを考慮するより実質的に働くことが優先される時代で、改善されることはなかった。

1933年のオート三輪車の保有台数は12000台近くに達した。このときの小型車全体の保有台数が3万台弱だったから、オート三輪車はおよそ40%を占めた。その後は小型四輪車よりも三輪車の方が生産台数が上まわり、三輪車のシェアは50%を超え、その差は広がっ

アメリカのハーレーをもとにオート三輪車にしたもの。1932年製で5馬力エンジンを搭載。チャンネル材のフレームをリベット止めしたもの。

1936年製のウエルビー号。大正時代からのオート三輪メーカーとして活躍したが、先細りとなっていた。

コクエキ・オート三輪車。1938年につくられたもので、荷台スペースを優先したのが特徴。コクエキは小型四輪車もつくっている。

ていった。四輪車はダットサンが圧倒的な勢力を誇っており、それにオオタ号が続くだけで、そのほかはわずかであった。

これに対して、オート三輪車は、発動機製造のダイハツ、東洋工業のマツダ、日本内燃機のくろがねだけでなく、日新自動車、日本エアブレーキ、昭和内燃機製作所、旭内燃機、さらには初期の段階から製造販売を続けているウエルビーモータース、ヂャイアント・ナカノモーター、中島自動車工業、ハーレーダビッドソンなども健在だった。オートバイ用エンジンを使用するところだけでなく、日本内燃機から技術提供を受けるなどしてエンジンをつくるところがあり、エンジンの供給は比較的容易であった。

車両価格も、エンジンの大きさや仕様の違いによって、700円台のものから、1500円もする高級なものまであった。およそ1000円といったところが平均的な価格であったが、このころのフォード車は2800円ほどであったという。

1935年（昭和10年）のオート三輪車の生産台数は1万台を超え、前年の3倍近い台数になっている。伸び率では戦前の最高を記録したが、翌年の1936年には1万2000台、1937年には1万5000台に達し、戦前のピークとなった。

4. 時代を映す小型車生産

■小型車の売れ行き好調

4人乗りまで認められることになり、小型四輪自動車は新しい需要の掘り起こしに成功した。小型トラックも2人乗りで750kgの積載量となった。ダットサンのエンジンは500cc直列4気筒をベースにしてボアアップされた。販売体制がしっかりして宣伝も派手に展開し、ダットサンは世の中にその名前を知られるようになり、戦前の日本で量産車として最初に成功したクルマとなった。

小型車が750ccになった1933年といえば、日産自動車が設立された年である。横浜を本拠地にして大阪にあったダット自動車製造から引き継いだ戸畑鋳物自動車部が発展的に解消して、横浜に大きな工場がつくられた。創立者である鮎川義介は、ゼネラルモータースとの提携を実らせてシボレーの国産化を図ろうとしたが、陸軍の横やりでご破算になり、ダッ

1936年製のダットサントラック15T型。750cc2人乗りとなり、デパートの配送などに使用された。

同じくダットサンライトバン。2人乗りで室内後方が荷室として使用されたが、リアサイドガラスに鉄枠がついてリアシートがないことを除けば乗用車と同じだった。

1932年に東京銀座に設立されたダットサン商会。

500ccで開発されたダットサン用水冷直列4気筒エンジンは小型車の改訂に伴って722ccに拡大された。

トサンの製造販売が中心にならざるを得なかったのである。そのため、それまで自動車メーカーに比較すると規模の大きい工場で小型のダットサンがつくられた。

　同じ小型車をつくる太田自動車も、同じころに組織変更が実施された。

　太田自動車に資金を出すことになったのは三井物産だった。三井グループ当主の三井高公はクルマ好きであったが、それ故の投資ではない。三井でも自動車に興味を持ち試作をした。でき上がったのが小型トラック「やしま」である。しかし満足に機能するものではなく、お蔵入りになってからは自動車に参入する意志は見せなかった。

　資本を出すことにしたのは三井物産の査業課で、多額の資金を用意して投資すべき事業を探していた。目に止まったひとつが太田自動車だったというわけだ。三井グループが太田自動車を抱え込んで傘下におさめるものではなく、あくまでも投資対象として資金提供と経営参画であった。いろいろな候補企業を選び出し、太田自動車のオオタ号トラックの性能が優秀であり、将来的に販売が見込めるとした担当者の提案に上部が認可したものである。

　いずれにしても、100万円が出資されることが決まり、東京の東品川に5200坪あまりの土地を購入し、1500坪の敷

オオタ号OD型トラック。1937年型でエンジンは16馬力/5000回転だった。

同じく1937年型のオオタ号小型ライトバン。

太田自動車は三井グループの資本が入って高速機関工業となり、品川工場が建設され、機械設備もそれなりに充実した。

1937年のオオタ号ニューモデル発表会。

地を持つ鉄筋コンクリートの工場が建設された。トップは三井物産の人が当てられ、太田祐雄は取締役技術部長となり、それまで太田自動車を支えていた一族の人たちや協力者も引き続き働くことになった。これにともなって「高速機関工業」という三井側の要望による社名に変更された。新しい出発は1935年(昭和10年)4月のことだった。年産3000台の規模の設備が整えられ、町工場に近い規模だった太田自動車は、有力な自動車メーカーとして体制を整えることができた。日産のダットサンも、当初は月産500台の規模で出発したから、その半分の規模であっても、資金調達に苦労していた太田自動車にとっては夢のような話であった。

1932年京三自動車商会の正面玄関をバックに京三号小型トラック750ccの記念撮影スナップ。

1938年につくられた京三号。

新生の高速機関工業になってからの新型車は1937年に登場、小型トラックがまず発表されたが、スタイルもあか抜けたものだった。自動車工業会の編集した「日本自動車工業史稿」によれば、標準型トラック1795円、ライトバン1945円、トラックシャシー1495円となっており、これが改訂されて1840円、2010円、1525円となっている。

京三号をつくった京三製作所は、このトラックの販売のために「京三自動車商会」を設立し、その後に組織的に新しくしている。

1935年に小型車が750ccになった機会にそれまでの水冷単気筒エンジンからV型2気筒750ccで750kg積載の新しい京三号を完成させた。得意とする自動車用電装品の製造販売もしており、その関係で1933年に自動車事業に進出した

トヨタ自動車の前身である豊田自動織機自動車部に自動車用の電装品を納入している。ちなみに、日産は傘下のグループに国産電機を持ち、そこで日産車の電装品をつくっていた。

　京三自動車商会は、1937年6月にトヨタ自動車と大洋商会との3社の共同出資により「京豊自動車工業」に改称された。トヨタ自動車が資本参加しているものの、積極的に傘下におさめるものではなく、それまでの部品の開発などの協力に応えたものといえる。社長は京三製作所の小早川常雄社長が兼務しているが、トヨタ自動車の豊田喜一郎が取締役として名前を連ね、また監査役には同じくトヨタ自動車の技術関係の幹部である池永羆がついている。池永は、白楊社で腕を磨いた技術者で、その後トヨタが自動車に参入するためにスカウトされた人物である。

　増資された京豊自動車工業は、横浜市鶴見区に工場を建設、1937年12月から稼働している。同社は小型トラックを中心にして京三号は1938年までに2050台生産されたという。しかし、1938年には小型自動車の生産を中止し、社名も自動車部品製造に改めて、小型自動車用部品の製造に限って生産するメーカーになっている。

■戦時色の強化につれて生産減退

　小型四輪車もその販売のピークは1937年（昭和12年）だった。もし戦時色が強くならなければ、さらに販売台数は上昇したかもしれないが、統制経済が進み、自動車の材料供給がままならなくなった。特に民間用のものは後回しにされた。最初は乗用車などの不急不要の自動車の生産が中止されて、トラックもこれに続かざるを得なかった。石油を輸入に頼っている日本では、飛行機などの兵器や軍用トラックを優先することになったからだ。

　1937年7月の盧溝橋での発砲事件を契機に勃発した日中事変により、一段と戦時色が強まった。革新官僚といわれた商工省の岸信介らの主導による経済統制が一段と強められ、国を挙げて日本は軍事産業中心の体制がつくられていく。これは、民間の自主的な経済活動が自由にできなくなることを意味した。

　そのために、小型車やオート三輪車の隆盛に水を差すことになった。

　それでも、ダットサンやオオタ号が販売を伸ばしていたので、この部門への参入に意欲を示すところが多く見られた。

　オート三輪車のトップメーカーである

1932年に試作されたやしまトラック。499ccの独自に開発した水冷直列4気筒エンジンを搭載して完成したが、走行テストで不具合が出て市販されなかった。

1935年製の筑波号セダン。

筑波号のシャシー。ローランド号をもとにしており、前輪駆動であることが特徴だった。

筑波号トラック。750ccで4ストロークV型2気筒エンジン。4年間で130台製造されたという。

ダイハツでも、空冷2気筒水平対向エンジンを搭載した732ccの小型四輪トラックを1937年に完成させた。発売を開始したものの、すぐに生産できなくなった。東洋工業でも、ようやく時機が到来したとして小型自動車の試作に入った。オースチンセブンをモデルにして小型四輪車の開発を始めたが、試作車が完成したのは1940年と遅くなり、市販を検討するような状況ではなくなっていた。こうした平和な時代に要求されるクルマの開発は軍部からは歓迎されずに、東洋工業はそれ以前から軍用の6輪の全輪駆動車や側車付きのオートバイの開発を要請されていた。それらが優先されて小型車の試作完成も遅れざるを得なかったのだ。

　小型車部門への進出は、トヨタでも検討されており、実際に豊田喜一郎の盟友ともいうべき東京大学工学部教授である隈部一雄がドイツから持ち帰った2ストロークエンジンの

オート三輪メーカーだった国益自動車が1938年に試作したコクエキ四輪トラック。その後生産中止で、日本内燃機の下請けとなったという。

東京ライト自動車製のライトトラック。732cc7.5馬力エンジンで、1937年に完成し、販売を開始したといわれている。

宮田製作所で1937年に試作した小型四輪トラック。空冷4ストロークV型2気筒エンジンの前輪駆動車。

FF車であるDKWをモデルに試作を始めている。しかし、他のメーカー同様に戦時色が強くなって開発は中止されている。ダットサンの活躍に刺激されたものだったが、このころのトヨタはそれより大きいクルマがメインだったから、たとえ平和な時代であっても小型車部門に進出を果たしたかどうかは疑問である。

　トヨタの技術顧問を兼ねていた隈部一雄教授の指導を受けて完成したローランド号の製造権利は、その後鉄道車両メーカーである「汽車製造」に引き継がれた。製作の中心となっていた川真田和汪が売り込みに成功したもので、これに石川島自動車製作所が協力するかたちで資金を出し合い、このクルマを生産するために新会社を設立した。改良を加えられたクルマは「筑波」号という名称になり、1934年から4年のあいだに130台ほど製造販売されたという。新会社は「東京自動車製造」で、販売は汽車製造が大倉財閥グループであったことからその系列にある「昭和自動車」が引き受け、汽車製造の古くなった工場の一郭で製造された。

■戦時中の生産状況

　ガソリンの不足により、民間の自動車製造は大きく制限された。実際に戦争が始まると軍用トラックをつくっていたトヨタや日産でさえ、航空機用エンジンの生産など、その設備を利用して軍部の要求に応えなくてはならず、企業としての自主性は失われた。小型自動車は1930年代の終わりころにはすでに生産そのものができない状態になったが、庶民のトラックともいえるオート三輪車の製造は、とくに制限が加えられることはなかった。ガソリン不足により、木炭などを燃料とするオート三輪車が見られるようになった。

　軍需品の生産が優先されることから、資材不足が深刻化して生産台数は少なくならざるを得なくなった。経済統制が進み、日本は兵器の生産が最優先されることになり、トヨタと日産も軍用トラック以外の自動車をつくることがむずかしくなった。両メーカーとも自動車事業製造法の許可会社になっていることから優先的にトラック用の原材料が支給された。ダットサンもトラックのほうが細々と生産が続けられたものの戦争が始まるころには、それさえ不可能になった。

　小型四輪車だけを生産していたオオタ

ガソリン事情が悪化するということで、戦前にも電気自動車がつくられた。これは1937年製、だから電気自動車のトラック。1回の充電で100kmほど走れたという。650kg積み。

オート三輪車製造のかたわら陸軍の要請によりつくられたマツダ6輪軍用トラック。

1939年にダイハツで試作されたライトトラック。しかし、戦争への道を進んだため生産することは不可能だった。

1939年につくられた木炭ガス発生炉を取り付けたオート三輪車。東浦式と称され、大きな釜を持ち煙を吐きながら走った。

ガソリンの供給がむずかしくなり、ダットサンにも木炭ガス発生炉を装着したものが走る姿が見られるようになった。

号の高速機関工業は、太平洋戦争が始まってからは軍部の否応のない命令により品川につくられた工場は売却されて、立川飛行機でつくる練習機などに搭載する各種のエンジン生産や航空機の部品を製造することになった。高速機関工業の専務取締役は親会社となった立川飛行機のほうから派遣されて、太田関連の人たちは、持てる技術を戦争遂行のために発揮することを要求されたのである。

太平洋戦争が始まると、オート三輪車を生産できるのはダイハツとマツダと日本内燃機の三社に限定された。経済が統制されたことで、そのほかの企業はオート三輪車をつくりたくても資材が供給されなくなり、転身を図る以外に方法がなかった。

その後、商工省の指導によって、オート三輪メーカーとして生産を許された三社は自由競争することはできず、車種を統一し部品も共通化された。物資の欠乏が日常的になり、戦時標準型の開発が進められた。戦局の悪化とともに統制は厳しくなるばかりで、このオート三輪車が生産に移されることはなかった。

オート三輪車を生産しているメーカーも、戦時体制が強化されるにつれて兵器をつくることも要求されて、それにつれてオート三輪車の生産台数は少なくなった。

また、ガソリンに代わる燃料の開発も進められた。アセチレンガス発生装置を利用したオート三輪車が走るようになった。また、ダイハツでは木炭を燃料とするエンジンの開発に着手、薪を燃やして発生したガスを燃料とする1280cc、V型2気筒エンジンを試作したが、販売するには至らなかった。そして、すべての物資が決定的に不足して、生産台数は次第にゼロに近づいていった。

第2章　戦後の10年間における

1. 自動車メーカーの動向とトラック生産

■敗戦直後の状況

　太平洋戦争のあいだの日本の製造業は、軍需製品一辺倒になっていた。戦争遂行が優先されて、日本そのものが巨大な軍需産業化されて、そのほかの製造は後回しにされていたのだ。

　自動車産業で言えば、軍用トラックをつくるメーカー以外は、その技術を航空機や自動車の生産の補助的な製造か、弾丸や大砲などの直接的な兵器をつくる仕事をした。

　その一つの例が太田自動車(高速機関工業と称していた)である。民間用の小型自動車しかつくっていなかったから、戦争が始まるとガソリンの供給もままならなくなり、自動車を生産していくことができなくなった。そこで、太田自動車の持っている技術を生かすた

1952年ごろの東京丸の内近くの内濠通りの風景。

めに、戦争中は立川飛行機の下請けの仕事をすることになり、立川飛行機との関係を強めていった。

　陸軍用の飛行機をつくっていた立川飛行機のなかの試作部門の人たちが中心になって、戦後にプリンス自動車の前身である「たま電気自動車」が電気自動車の製作という仕事をする決定をしたのは、戦争中に付き合いが生じた太田自動車の人たちの協力を取り付けることが可能であるからだった。

　自動車の製造は、高度な技術が要求されるから、全く異なる分野から参入することはむずかしい。1台や2台を手叩きでつくるのは、それなりのスキルを持った職人がいればできないことはないが、ある台数を同じ規格でつくるには高い技術レベルが要求されるとともに、生産設備と、それらを支える資本力がな

オート三輪と小型トラック

くてはならない。

　戦争中は、どの自動車メーカーも軍の仕事でメシを食っていたわけだから、敗戦によって自前で生きる道を模索して行かなくてはならなかった。なかには、この機会に解散してバラバラになるという方向で対処したところもあったが、多くはそれまでの組織を維持して新しい仕事を見つけるしかなかった。

　発動機製造(ダイハツ)や東洋工業(現マツダ)も同様だった。それに日本内燃機(くろがね)を加えた三社が戦争中もオート三輪車の生産を最後まで許されたメーカーであったために、戦後の混乱のなかで、オート三輪車の生産をもっとも早く軌道に乗せることができた。

　経済性と小回りが利くことで戦前から人気のあったオート三輪車は、輸送力が大きく不足していたから、戦後もしばらくはつくれば売れる時代が続いた。だからといって、どんどんつくるわけにいかなかったのは、原材料の不足が深刻であり、エネルギーの供給も思うようにいかなかったからだ。

　しかし、自動車としてはエンジンそのものが比較的シンプルであったこと、四輪よりも部品点数が少なくて済むことなどで、多くのメーカーが参入してきた分野であったが、戦前から実績のある三大メーカーが優位を保って推移していった。

　いっぽう、自動車メーカーは軍用トラックをつくっていたために、敗戦で占領軍により軍需製品の生産が中止された。しかし、各メーカーは民需転換を図って自動車の生産を許可するように運動した。この結果、乗用車の生産が許可されるのは後になる

ダイハツのオート三輪ダンプトラック(1951年)。

マツダCT型1200ccオート三輪車。バーハンドル、メーター、シフトレバーなどの中央部。

くろがね1000ccKD型(1951年)。

が、トラックに関しては1946年になって認められた。戦前の中型トラックをつくっていたトヨタ、日産、いすゞがそれらをベースにしてトラックの生産を再開した。これに、いすゞから分離して戦車などをつくっていた日野自動車、飛行機などをつくっていた三菱重工業などがトラックの生産に意欲を見せた。

戦前の小型自動車をつくっていた日産重工業（当時はまだこの呼称だった）と太田自動車が、それらをベースにして小型車の生産を開始した。このうち、太田は小型車だけをつくっていたから、これに力を入れざるを得なかったが、日産の場合は、需要が見込めるのはひとまわり大きい中型トラックのほうで、これがしばらくは主力となった。

戦後10年ほどの間は、小型四輪メーカーとオート三輪メーカーは、それぞれに抱えた問題の解決を図り、クルマとして進化するものにする努力を続けた。それぞれに目指す方向に邁進して、お互いに相手に大きな影響を与えることなく、別々の道を進んだといっていい。

■戦後の新しい小型車の規定

戦後に小型車の規格が新しくつくられたのは、1947年（昭和22年）12月のことである。戦後2年たったところで、戦前の規格を変えたのである。これが、その後にエンジン排

1947年にトヨタ自動車は生産累計10万台に達した。

1947年につくられた戦後第1号となったダットサントラック。

マツダCHTA102型（1954年）。

気量などが増大したものの、現在まで続いている規格のもとになっている。戦後最初の小型車の規格は、エンジン排気量1500cc以下、全長4300mm、全幅1600mm、全高2000mm以下と決められた。

戦前の小型車は750cc以下であったが、無免許で運転できるという特典があった。戦後の小型車は普通免許を取得しなくては運転できなくなり、車両サイズも大きくなったから、同じ小型車という名称でも、連続性のあるものではない。

オート三輪車も、この新しい小型車になることで、このときから普通免許を取得していなくてはならなくなった。そのかわり、エンジン排気量は750ccという上限がなくなり、大きくして積載量を増大することが可能になった。オート三輪車の高性能化・高級化が許

1953年型ダットサントラック。全長・全高が少し大きくなった。

オオタKAP-1ピックアップトラック。ライトバンと同じシャシー。1952年製。

されることになったわけだ。ただし、オート三輪車は排気量の上限は同じだが、車両サイズは四輪のように制約が設けられず、後年に全長の長いクルマが登場する素地がつくられている。

戦後の小型車規格が、戦後2年たったところで新しくなって、自動車の生産の本格スタートが切られた。

ちなみに、軽自動車の規格がその後につくられたが、これは、小型車より下のクラスとして設けられたもので、無免許にはならなかったものの、いくつかの特典があるカテゴリーで、日本独特のクルマとして発展していくものである。車両サイズとしては、戦前の小型車に近いもので四輪車の日本におけるエントリークラスとなった。しかし、実際に軽自動車がクラスとして成立するのは1950年の後半になってからのことで、戦後の10年ほどの間につくられたものは、いずれも大量生産を前提としたものではなかった。エンジン排気量360cc以下、全長3000mm以下、全幅1300mm以下と決められた。

■三メーカーによる小型トラックの生産

日産のダットサン(戦前からの小型車)は戦時中にはほとんどつくられなくなり、車体のプレス型なども供出してなくなっていた。戦後すぐに横浜にある日産工場の多くがアメリカ軍に接収されて明け渡さなくてはならず、残りの工場内に生産を再開するために工作機械の設置などで大わらわだったこともあって、中型トラック180型の生産に集中していた。

もし静岡県にある日産の吉原工場がダットサンの生産に目を付けなかったら、あるいはその後のダットサンはなかったかもしれない。というのは、吉原工場は繊維工場だったところを飛行機用エンジンの工場として軍部が手当をして日産に払い下げたもので、敗戦によって仕事がなくなってしまったからだ。戦時中にトヨタにも日産にも、航空機用エンジンを生産するように指

静岡県の吉原工場で生産されるダットサン。

1947年に開催されたトヨタ車の展示会。トラックとバスが中心だった。

令がでたのは、トラックが軍用としての必要性が低くなって航空機が兵器として重要度を増したからだ。

横浜にある日産本社のほうでは、ダットサンに対して配慮する余裕がなく、場合によってはその権利を第三者に売却してもいいとさえ思っていたようだ。そんな事態を察知した吉原工場の幹部が、ダットサンの生産を買って出ることで工場の閉鎖を免れようとしたのだった。

このときには小型車の規格が1500cc以下とエンジンの排気量を大きくすることが可能だったが、それは思いも寄らぬことだった。できることは、戦前からのエンジンをベースにしてボアアップによる拡大が精一杯だった。ボディのプレスを自前でやることができずに、三菱名古屋の大江製作所に依頼して組み立てることにした。生産台数が増えるにつれて、ボディの製作は住之江製作所にも依頼された。

日産同様に、戦後すぐのトヨタ自動車は戦時中につくっていた中型トラックの生産から始まった。日産に比較すると戦災による工場の被害も少なく、接収されることもなかったので生産再開に関する困難は少なかった。それでも、財閥解体や賠償指定工場になるなど先行きに不透明なところがあり、工場の各種設備の老朽化など諸問題を抱えていた。そんななかで、トヨタグループの総帥となった豊田喜一郎の主導で民間用自動車の開発が進められた。

小型車を持っていなかったトヨタは、乗用車をつくることに意欲を示して1000ccS型エンジンを新しく開発した。小型車規格を意識したというより、この時代の日本のクルマの大きさを考慮すれば1000ccくらいが適当だろうという判断だった。それでも、戦前からの小型車用エンジンをベースにしている日産や太田よりも排気量も出力も大きいものだった。ただし、トヨタのエンジンはシンプルなサイドバルブ方式を採用、貧しい時代を反映したものだった。

このエンジンを搭載したトヨタの戦後の最初の新しい自動車は、四輪独立懸架の先進的な乗用車SA型だった。しかし、未舗装の悪路を走行するには繊細すぎる機構のクルマであった。乗用車の販売がわずかながら認められるようになっても、市販できるものにはならなかった。

トヨタで最初に成功した戦後の小型車は、このエンジンを使用したSB型ト

トヨタSB型トラック。戦後のトヨタの小型車では、これが1950年代の初めまでは主役だった。荷台は木製である。

44

ラックであった。トラックでなくては
需要がなかったから、これは当然のこ
とだった。荷物を積むために頑丈な機
構にするために、ハシゴ型フレームを
持ち、サスペンションは前後ともリー
フスプリングによるリジット式だっ
た。戦前につくられたクルマから機構
的に進んだところは特になかったが、
まともに走らせるクルマをつくるだけ
でも苦労しなくてはならない時代だっ
たのだ。

1954年全日本自動車ショウのオオタ自動車のスタンド。

　ちなみに、トヨタはこのSB型トラックをベースにして乗用車であるSD型セダンをつ
くっている。乗り心地を良くするためにサスペンションのスプリングを柔らかくするなど
して、セダンのスタイルをしたボディをフレームの上に載せたものだった。そのために、
フロアも高い位置にならざるを得ず、腰高となってカッコいいクルマであるとは言えな
かった。もちろん、ダットサンのほうも同じようにトラックも乗用車も共通のフレームを
持ったものだった。
　本格的に小型トラックをつくったのは、トヨタ、日産、太田の三社だけだった。それぞ
れ、排気量が小さく機構的にも高性能とは無縁のものだったにしても、直列4気筒エンジ
ンを搭載した一定のレベルのものだったから、このほかのメーカーが簡単に参入するわけ
にはいかなかったのだ。

■戦後5年目の朝鮮戦争をきっかけとする成長

　オート三輪車と小型トラックが戦後の10年間の日本の自動車産業の中心となるが、最初
の5年間とその後の5年間では状況が大きく変わっている。1950年に起こった朝鮮戦争が日
本に大きな特需をもたらし、戦後の経済的な貧しさから脱却するきっかけになった。もし
朝鮮戦争による特需がなければ、トヨタ自動車は戦後の混乱のなかから立ち直るのに時間
がかかり、乗用車への進出が遅れてモータリゼーションの波にうまく乗れなかったかもし
れない。このときのアメリカ軍によるトラックの数多くの注文を受けたことによる利益

1952年のトヨペットトラック
SG型。SB型の改良タイプである。

1952年に登場したトヨペットユニバーサル
ピックアップ。SKセダンを改造したもの。

トヨペットトラック1.5トン積み。
RK型のデザインを一新している。

S型エンジンからR型エンジンに換装され
て登場したトヨペットRK型トラック。

トヨペットRK小型バス。

トヨペットステーションワゴン。

で、積極的な設備投資をすることが可能になり、トラックを中心にした自動車メーカーから乗用車を中心にするメーカーにシフトすることができたからである。少ないチャンスをみごとに生かしたのだ。

　トヨタに限らず、この特需により日本の景気がよくなり、自動車の需要が高まり、いい方向にまわっていくようになった。原材料の不足も次第に解消し、燃料となる石油の供給の心配もなくなってきた。

　これによって、自転車にリヤカーをつないで人間の力で荷物を運んでいた零細企業も、オート三輪車などを持てるところが出て、新規需要が高まっていく。オート三輪メーカーは生産台数を伸ばすことができ、新しい設備投資をすることが可能になった。性能的に進んだ車両開発をすることで、販売をさらに増やすという好循環の流れがつくられた。

　立川飛行機から独立して電気自動車をつくっていたプリンス自動車の前身である「たま電気自動車」も、朝鮮戦争によって方向転換を図らざるを得なかった。朝鮮戦争によってバッテリーの主要材料である鉛が高騰して、電気自動車が成立しなくなったのである。そこで、ガソリンエンジン車に切り替えることになり、その技術を持っている富士精密にエンジン開発を依頼した。中島飛行機のエンジン部門であった東京の荻窪を本拠にする富士

三生自動車で架装されたダットサン・トレーラートラック。1952年につくられたもので、全長4320mm、ホイールベース3280mm、床面積5.4m² という。

精密は、たま自動車からの依頼で直列4気筒1500ccエンジンを完成させた。これが、日本では最初の小型車用エンジンの上限となるものだった。

このエンジンを搭載したたま自動車のプリンス号が発売されるのは1952年である。戦前から続くメーカー以外では、初のガソリンエンジンによる本格的な小型車をつくるメーカーとなった。乗用車を中心にしたメーカーであったが、この時代はトラックのほうが販売が見込める。そこで、たま自動車は同じエンジンを使用しながら乗用車とは異なる機構のフレームを持つトラックを開発した。荷重がかかることを考慮して頑丈なハシゴ型フレームを採用、既存のメーカーが乗用車とトラックで共通のフレームを使用しているのとは異なる技術優先を打ち出した。そのため、プリンスのトラックは丈夫であるという評判を得たが、そのぶん車両価格も高かった。したがって、販売台数が他のメーカーより多くなることはなかった。

当初はボディを製作するたま自動車とエンジンを生産する富士精密とは別の会社であったが、たま自動車のオーナーで大株主であるブリヂストンタイヤを経営する石橋正二郎が富士精密にも出資して、両メーカーが合併、当初は、たま自動車が吸収されるかたちで

オオタOS型トラックのメーターパネル。

オオタトラックKD型。

プリンスライトバン（1952年）。

プリンスAFTF型トラック（1953年）。

1952年に宣伝のために挙行されたプリンス号の富士登山。トラックも併走して5合目まで到達した。

「富士精密」と名乗ったが、1960年に社名を「プリンス自動車」と改めている。

　戦後10年ほどの間にトラックを含めて小型車を量産したのは、以上の四メーカーのみだった。

2. 主要オート三輪メーカーの動向

■販売を伸ばすオート三輪車

　戦後のオート三輪車は、その生産再開も早かった。四輪自動車メーカーがトラックの生産を再開したものの、量産体制を確立するのに時間がかかり、戦後しばらくは苦しい経営状態が続いたのに対して、戦前からオート三輪車をつくっていたダイハツ、マツダ、くろがねの大手三社は比較的順調に戦後のスタートを切っていた。

　四輪自動車部門では、新しく参入するところが多くなかったのは、エンジンを含めて機構的にむずかしいもので、あるレベル以上の技術力を持ち、資金的にも多額の投資をする必要があるものだったからだ。これより機構的にシンプルになるオート三輪車は、ハードルがそこまで高くないこと、それに四輪に比較して車両価格やランニングコストが安くて済むことから輸送の中心となるものとして需要が見込まれた。もちろん、そうはいっても四輪車との比較であって、技術的、資金的に見れば、実績のある企業でなくては参入することは不可能であった。

　一方で、小さいエンジンを購入してつくることができるオートバイは、一時は200社を越えるメーカーがあったといわれるくらい乱立した。戦後の混乱期は、つくれば右から左に売れるからで、世の中が落ち着いてくると、性能的に劣ったものや出来の良くないものは姿を消していくことになる。

　戦前から有力メーカーによる性能競争が演じられて

戦後すぐのオート三輪では、荷物を運ぶことが目的で、乗員は風雨にさらされるのは当然だった。

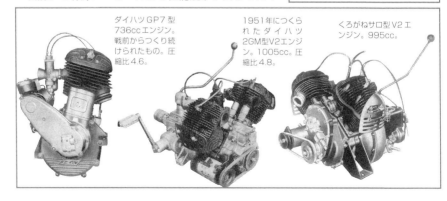

ダイハツGP7型736ccエンジン。戦前からつくり続けられたもの。圧縮比4.6。

1951年につくられたダイハツ2GM型V2エンジン。1005cc。圧縮比4.8。

くろがねサロ型V2エンジン。995cc。

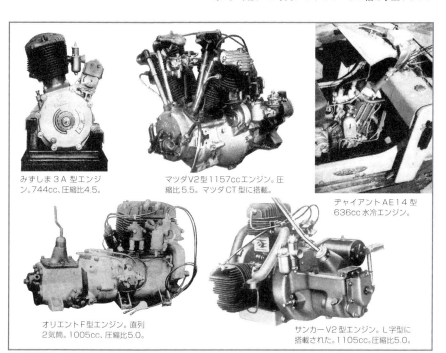

みずしま3A型エンジ
ン。744cc、圧縮比4.5。

マツダV2型1157ccエンジン。圧
縮比5.5。マツダCT型に搭載。

ヂャイアントAE14型
636cc水冷エンジン。

オリエントF型エンジン。直列
2気筒。1005cc、圧縮比5.0。

サンカーV2型エンジン。L字型に
搭載された。1105cc、圧縮比5.0。

ドイツの三輪及び四輪トラック。上がゴリアート三輪車でホ
イールベース2950mm、2人乗りの快適なシートで丸ハン
ドルである。下はDKW小型トラックで684cc22馬力で、
ホイールベース3000mm、積載量は620〜750kg。

　いたオート三輪車は、戦後すぐ
のころは戦争中までつくられた
モデルの生産から始まった。そ
れらは、いずれもオートバイ同
様にバーハンドルで、屋根や風
防はないものだった。
　四輪車同様に、最初のうちは
生産を軌道に乗せるだけで精一
杯であったが、1947年末に小型
車規定が1500cc以下に改訂され
たことをきっかけにして、性能
向上が図られていくことにな
る。有力メーカーが体制を整え
て生産・販売するようになる
と、需要が活発なこともあっ
て、競争は一段と激しくなっ
た。エンジンも新しく開発され
るようになり、機構的にも進化

していくことになる。四輪車では、トヨタが戦後になってエンジンを新しく開発したものの、日産と太田は戦前からのエンジンを改良して戦後10年もそれを使い続けたのに対して、オート三輪メーカーは新規エンジンを複数投入していることを見ても、戦後の10年ほどのあいだは、こちらの方がはるかに元気があったのである。

やがて1000ccエンジンから1500ccエンジンまで登場するようになり、荷台スペースも拡大されていった。同時に、フロントスクリーンが取り付けられて、幌ではあったが、ルーフが取り付けられて、雨風にまともにさらされる状態から一歩前進している。経済的に豊かになるにつれて、快適性が求められるようになったからである。こうしたオート三輪車の高級化が進められていくことになるのだ。

1955年には全国のオート三輪車の保有台数が40万台を突破し、貨物自動車の6割までをオート三輪車が占めた。

■着実に売り上げを伸ばすダイハツ

戦前からのトップメーカーであったダイハツは、マツダや日本内燃機とともに生産の再開が早かった。戦争中もわずかではあったがつくっていたので、その延長で始めることができたからだ。ダイハツが民需生産転換許可されたのは1946年(昭和21年)4月、池田工場で670cと750ccの500kg積みオート三輪車がつくられた。積載量を多くするために戦前のものより荷台寸法は大きくされた。戦後に登場したダイハツのオート三輪車は標準タイプがSE型となり、荷台の大きい大型車はSSE型と呼ばれた。

1947年12月の小型車の規定の改訂に伴って、ダイハツでも、大きいエンジンのオート三輪車の開発に着手した。完成したのは、空冷4サイクル1000ccV型2気筒エンジンを搭載した750kgの積載量を持つSSH型で、1950年に発売された。ダイハツの最初の2気筒エンジンで、ブレーキ装置も改良されている。

同時に、前輪の支持に油圧式のショックアブソーバーを装備した。それまではオートバイと同じくテレスコピック式のサスペンションだったが、これによって前輪の走行が安定した。また、高級な仕様には、キーを回すだけでエンジンが始動するセルモーター付きも登場した。

エンジンの出力の向上や積載量の増大要求に応えるために、1954年には2000kgの積載量

ダイハツ750cc特装オート三輪車（1951年）。

ダイハツSSR型（1953年）の運転席まわり（右）と750cc15馬力エンジン（下）。

を誇るSX型及びSSX型を発売した。V型2気筒で、排気量は1500cc33馬力で、積載量の増大に伴ってフレームも強化され、エンジンのマウンティングやサスペンション機構も四輪車並に凝ったものになっている。

大阪・池田にあるダイハツの工場。

ダイハツのオート三輪車の生産台数は、1953年には戦前からの累計で10万台を突破、1956年には20万台を記録した。増販により販売店の整備も進んで、最盛期の1956年には68店となった。傘下の副販売店は500店にも及び、販売後のサービスの充実も図られた。

■意欲的な取り組みでトップとなるマツダ

　戦後にダイハツを抜いてトップメーカーに躍り出たのがマツダの東洋工業である。

　広島市の郊外にあった東洋工業は、原子爆弾による被害は比較的少なく、戦争による工場や機械類の災害も軽微であった。市の中心地が被害がもっとも大きかった関係で、市役所を初めとする市の中枢機関が一時的に東洋工業の建物の一部を借りて機能を果たすという時期があった。

　マツダは、終戦直後の9月に早くも行動を開始し、オート三輪車の生産の許可が下りるまでの間は自転車を生産した。

　オート三輪車の生産開始は1945年（昭和20年）12月で、戦前からのオート三輪車の669ccGA型からつくられた。東洋工業は大阪や東京から離れているだけに資材の入手には有利だった。広島や山口や島根などに各種の軍用施設があった関係で、その払い下げ契約を結ぶことで入手できたのである。

終戦直後の東洋工業の本社及び工場。

　機敏な動きを見せた東洋工業は、戦後のオート三輪車の生産ではダイハツを抜いてトップメーカーになり、オート三輪車の販売は好調に推移した。

　月産500台を目標にした東洋工業は、1948年（昭和23年）の後半にそれを達成し、1949年11月には月産800台をマークしている。このころ、トヨタや日産が戦後の厳しい不況で販売が落ち込み、苦しい経営を強いられていたのとは違っていた。

　タイミングよく新型車を投入してマツダのオート三輪車の販売は好調だった。1949年4月には

マツダCT型の走行テスト風景。

750ccのGB型を登場させた。15.2馬力エンジンはオールアルミのダイキャスト製でトランスミッションを一体化した先進的なものであった。エンジンの軽量コンパクト化により、積載量を多くしているが、車両価格は据え置かれた。さらに、このGB型をベースにして荷台を長くしたロングボディのLB型も1950年に発売され人気となった。

東洋工業では、早くから1000ccV型や1200ccE型エンジンの試作をし、1950年(昭和25年)にひとまわり大きいCT型シリーズを登場させている。朝鮮動乱による特需で日本中が好景気になったタイミングであった。

オート三輪車の大型化と快適性を追求した。CT型は、1157ccの空冷2気筒オーバーヘッドバルブ、出力32馬力という性能で、1トン積みとなった。このクルマから、オート三輪車の大型化が始まった。エンジンは、バルブを開閉させるカムがタペットをたたく音をなくするために油圧式のバルブクリアランス自動調整装置を備えていた。四輪自動車メーカーのエンジンと比較しても先進的技術だった。また、振動が車体に伝わりにくくするためにエンジンのマウントにゴムブッシュが用いられた。

単なる風防から一歩進んで、ウインドシールドに合わせガラスを用い、安全性を図った上に屋根として幌をつけた。インダストリアルデザイナーの小杉二郎氏に依頼してスタイルの良さも図られていた。直線的なラインを基調にしたマツダのオート三輪車は、他のメーカーのものとの違いを明瞭にしたのである。

1951年(昭和26年)9月には、荷台を大型化したCTL型が登場、全長4800mm、荷台の長さが3メートルにも及ぶものになった。1952年7月にはさらに大型化され、2トン車が登場するが、これも東洋工業が先鞭をつけたものだった。

その後も荷台の大型化が進んだが、1955年になって運輸省は、現在生産されている最大

1954年モデルのCTA型はふたつ目ライトとなった。

マツダCTA型は2トン積み、長尺荷台となっている。

1953年製マツダCTA型。まだひとつ目ライトだった。

の小型三輪トラックの大きさを超えてはならないという通達を出すことによって、大型化に歯止めがかけられた。このときの最大の寸法は6.09メートルの全長で、全幅は1.93メートルであった。オート三輪だけ小型車の車両サイズが適用されなかったためである。

1948年、タイヤ不足のため、完成したマツダオート三輪車はタイヤ待ちで多くが在庫となった。

　東洋工業は、いち早くオート三輪の販売網の整備拡充に着手した。その基本方針である一県一特約店設置計画の目標を達成したのは1948年10月であった。これによりマツダのオート三輪トラック販売の全国ネットワークが完成した。同時に技術サービスの質的向上とその量的拡大が図られた。

　小型四輪車に関しても、1950年頃から試作を開始するなど、自動車メーカーとして飛躍する意志を持ち続けている。CT型と同じエンジンを搭載したジープタイプの1トン積み四輪トラックCA型を1950年6月に発売した。しかし、売れ行きが今ひとつだったこととオート三輪車の生産の増大に対応するために程なく中止された。

　1953年3月には新生産工場を完成させた。これにより月産1500台だった生産能力は一挙に3000台に引き上げられた。作業工程の短縮と質的向上が達成されたことにより、コストダウンが図られ、一段と競争力を増すことができた。

■第三勢力としての日本内燃機（くろがね）

　日本内燃機がオート三輪車を比較的早くから生産できたのは、軍需品の生産のかたわらオート三輪車も細々ながら製造していたからだ。ただし、戦争に協力したことで活動に制約を受けて、1949年4月に企業再建整備法による再建計画に基づき「日本内燃機」という組織はいったん解散し、新しく「日本内燃機製造」という社名にして、旧組織の設備いっさいを引き継ぎ活動を続けることになった。戦前の主力工場だった大森製造所は戦災に遭い、蒲田製造所はアメリカ軍に接収されたために、疎開工場であった神奈川県の寒川が本社工場となった。

くろがねKD-Ⅱ型。くろがねがもっとも元気があったころのクルマである。

くろがね90°V型2気筒995ccエンジン。26馬力/3500回転で1954年型KD-Ⅲ型に搭載された。

主力は戦前からの750ccのKC型であるが、民需転換の許可の降りた1946年（昭和21年）には275台を生産している。1947年に980台と増えるが、原材料の不足もあって、需要に応じきれない状況だった。その後も順調に販売を伸ばした。オーバーロードによる乱暴な使い方をされたが、くろがねのオート三輪車は耐久信頼性に優れたものと評価された。

戦前からのサイドバルブエンジンもオーバーヘッドバルブ式の新型になり、カムの駆動用のギアを樹脂製にして静粛性を確保するなどくろがねらしいところがあった。1953年には利益が大きくなり、配当も高率であった。1954年の生産台数は1万台の大台を超し過去最高となった。

しかし、この年にやってきた不景気による金融引き締めで、経営不振に陥った。ダイハツやマツダがユーザーの要望に応えた新型を次々と登場させるとともに、量産体制を敷いて積極的に設備投資を実施、コストダウンを図ったのに対し、くろがねは立ち遅れたのだった。

くろがねでは、オート三輪車の大型化に対処してKD型などの新型の開発をしており、時代の変化に対応するために四輪トラックの開発も進めていた。ただし、くろがねが持っていた先進性はすでに失われており、ダイハツやマツダの打つ手があたると、それに追随していくのが精一杯となった。その過程で、やる気のある技術者が去っていき、企業としての求心力を失いつつあった。1954年の上半期の決算では、販売の不振が響いて利益幅は小さくなり、前年に高配当したにもかかわらず、一挙に無配に転落した。

3. 新規参入メーカーの動向

戦後にオート三輪部門に参入する意欲を持つところは少なくなかったが、その中で、5つのメーカーが存在感を示すことができた。

その一つが三菱水島であるが、三菱グループの製作所であるから当然といえば当然のことだった。

航空機や戦車などの開発と生産に携わっていた事業所は、新しい製品をつくらなくてはならなかったが、有力なものとして目を付けたのが自動車だった。

三菱水島製作所のオート三輪車組立工場での作業。

岡山県にある三菱の水島製作所は、1943年（昭和18年）に名古屋航空機製作所の生産を拡大する方法として新しくつくられた工場である。海岸の埋立地に建てられた工場では、終戦までに一式陸軍攻撃機500機、局地戦闘機の紫電改10機などが生産された。

この水島製作所は民需品生産工場への転換と、そのための工場の存続を連合軍の現地司令部などに掛け合って、1945年11月に水島製作所として再発足する許可

を得た。神戸や大阪の市営バスなどのボディ製
作、米軍向けのロッカーやイギリスやインド軍専
用のバスの受注などをしながら、民需品として
オート三輪車に着目したのである。

1946年の早い段階からオート三輪車の開発が始
まり、オーソドックスな空冷4サイクル単気筒
750ccエンジンを開発。試作型のXTM1型は400kg
積みだった。最初からウインドスクリーンをつけ
て幌つき屋根を持ったものだった。

これを改良して走行テストを実施して、発売に
こぎ着けたのは1947年5月、750cc500kg積みの
TM3型は、製作所の名前にちなんで「みずしま」と
いう名称になった。

1946年に三菱水島製作所
でつくられた最初の試作車。

三菱グループは、財閥解体指令など占領政策に
よる各種の制約を受けながらの活動となった。
1949年(昭和24年)4月に三菱重工業は地域別に3分
割された。

東京製作所や横浜造船所を中心とした東日本重
工業、名古屋製作所から京都製作所、さらには岡
山にある水島製作所までを含む中日本重工業、そ

1947年5月にデビューしたみずしまTM3A型。
ホイールベース1880mm、744cc空冷単気筒
13.5馬力エンジンを搭載。全長2797mm、全
幅1750mm、荷台長さ1250mm。

れより西にある広島製作所から長崎造船所などの西日本重工業となった。

これによって、東日本重工業がバスやトラックを、中日本重工業がスクーターからオー
ト三輪車までをつくることになった。

3分割された三菱重工業は、1952年(昭和27年)4月に対日平和条約の発効で、占領軍に
よって禁止されていた財閥の商号の使用も解除され、東日本重工業は三菱日本重工業とな
り、中日本重工業は新三菱重工業となり、西日本重工業は三菱造船に社名が変更された。

1950年(昭和25年)1月に中日本重工業として発足したときに販売の中心となっていたみ
ずしまTM3C型は、1947年10月から販売を開始した最初のTM3A型を改良した量産型で、
1950年7月までに6000台近く生産している。

水島のオート三輪車は、性能でも信頼性でも一定の評価を得て、1947年にはみずしまの
生産台数はくろがねに迫り、その後は順調に販売を伸ばし3位の座を確保した。

水島では、大型化の要求に応えるために荷台を大きくした仕様のものを発売、乗り心地
をよくするためにオレオフォークを前輪に取り付けている。この油圧緩衝装置であるオレ
オ式サスペンションは、航空機製作時代に航空機の降着装置として開発した技術を生か
し、スプリングを利用したものであった。積載量は500kg、エンジンは750ccという単一車
種しかなかった。

1952年(昭和27年)11月に1トン積みの新型TM4E型が加わった。単気筒エンジンは886cc21
馬力に拡大された。

さらに1953年から54年にかけて荷台の長いモデルが加わり、キック式からセルモーターを装備、4段変速にした仕様のTM5シリーズが発売された。車両価格も37万円から40万円と高くなった。そのため、744ccの旧型エンジンでキックスターターの750kg積みの廉価版仕様を30万円で発売したが、思ったほどの売れ行きは示さなかった。

水島のオート三輪車はエンジン排気量は1000cc以下で、積載量も1トンまでのものしかなく、エンジン排気量の大きいタイプを出すタイミングが遅れた。

■愛知機械工業のヂャイアント

戦前からヂャイアントという名前のオート三輪車が生産されていたが、戦後は新しいメーカーになっている。それは愛知航空機を前身に持つメーカーで、1943年（昭和18年）2月に愛知時計から分離独立、終戦になり航空機メーカーから民需に転換を図り、1946年3月に社名を「愛知起業」に変更している。その後、1952年（昭和27年）12月に「愛知機械工業」になっている。

オート三輪車のヂャイアントの生産を開始するのは、1947年（昭和22年）4月からである。敗戦の混乱で、愛知機械でも中島飛行機などと同様に多くの従業員が去っていき、残務整理していた人たちが中心になって興した事業である。

新規事業への参入を図る愛知機械は、オート三輪車としてこのヂャイアント号の製造販売権を買い取り、これを元に開発

1200ccの大型オート三輪のヂャイアントAA7型は1952年に丸ハンドルのキャビン独立型という先進的な機構で登場した。

し、ヂャイアントという名前も引き継ぐことになった。戦前に名古屋を中心にして水野鉄工所と並んでヂャイアント・なかのモーター（後に帝国製鋲となる）が、1935年からの3年間は年産600台を超える生産実績を残している。

戦前からのヂャイアント号は水冷エンジンであるのが特徴で、熱によるエンジンの歪みも少なく、振動や騒音、さらには性能的にも有利である。サイドバルブエンジンからオーバーヘッドバルブエンジンを登場させて先進性をもち、855ccエンジンは直列2気筒、1145ccエンジンは水平対向2気筒を開発した。出力も、前者は28馬力、後者は42馬力、オート三輪車用エンジンではパワーがあるものだった。

愛知機械の工場内の一部。ギアや
シャフトの焼き入れなどを行う部分。

水冷エンジンの特徴を生かして、運転席の快適性の追求も他のオート三輪車メーカーよりも先に実施している。ヂャイアントは1952年に丸ハンドルにしてキャビンを独立した仕様の大型オート三輪車をデビューさせている。

ヂャイアントは高級感のあるオート三輪車であることが売りだったが、販売力や機械設備など、先行するオート三輪車メーカーのダイハツやマツダなどには大きく水をあけられた状態のままだった。それでも、1950年代の後半には三菱みずしまに次いで、オート三輪車の販売では4位の座を保った。

■三井精機のオリエント

　戦時中に軍需品を生産していた三井精機は、三井の中では傍流の企業だった。そこで、独自に民需転換の許可を得て新しい分野の製品を開発して活動しなくてはならなかった。

　「三井精機」の前身は1928年(昭和3年)設立の津上製作所で、資本金30万円で東京の蒲田につくられた精密測定機器の製造を目的にした企業で、1935年に三井の資本が入り、翌1936年に本社と工場を大田区の下丸子に移し、1937年には社名を「東洋精機」としている。

　1942年(昭和17年)には、同じグループの三井工作機と合併して社名を「三井精機工業」に改めている。精密工作機械をつくっていたが、終戦により民需転換への転換を図り、1945年11月には東京製作所と桶川製作所の生産再開に許可が出された。　東京製作所は精密機械や各種の測定器や冷凍機などを製作、桶川製作所がオート三輪車の開発と製造を受け持つことになり、瀬田工場などはその後廃止されている。

　オート三輪車の名前を「オリエント」にしたのは、かつて東洋精機工業と名乗ったことに由来している。

　オート三輪車の開発は、比較的順調にいった。最初のエンジンは単気筒の空冷766ccサイドバルブ式16.5馬力で、キック式のスターターが付き、ガソリン以外にも軽油やアル

1952年から水冷32馬力エンジンが加わった。

1950年代前半のオリエントの組立工場。

コールも使用可能なものになっていた。オーソドックスな設計で750kg積みの標準的な大きさのものであった。

　生産台数では有力メーカーに太刀打ちできなかったものの、順調に販売を伸ばしていった。オリエントはくろがねと並んで首都圏を地盤としており、販売も関東が中心のメーカーであった。

　1950年になると、過剰な積載量にも耐えられるようにフレームを頑丈にするなどの改良を加え、さらに1959年には大型化の波に乗り遅れないように1272cc直列2気筒の水冷エンジンを搭載する1.5トン積みのオート三輪車をラインアップに加えた。エンジンの信頼性と性能向上により特色を出そうとしたものである。1270cc水冷エンジンは6.5という高い圧縮比で、最高出力は35馬力、トルクのあるエンジンでオート三輪車用として使いやすく燃費のよいものだった。

　日本社会が戦後の混乱から立ち直ってきたことで需要が伸び、1952年からはコンスタントに月産500台を超えるようになった。このため、増産体制を敷くようになったが、1954年になると景気が後退して販売が低迷してきた。

■戦後にゼロからスタートしたサンカー

　戦後の8大オート三輪車メーカーのなかで、日新工業、後のサンカー製造は、1936年（昭和11年）に資本金10万円でスタートした兵器の部品製造で実績を積み、航空機用の部品として車輪や各種の油圧装置、小型機のウイングやタンクなどを製造した。中小企業ではあっても、戦時中は安定した運営で、ある程度の資産の蓄積もできた。

　終戦によって、川崎にある本社工場が民需転換の許可を得たのは1946年（昭和21年）4月のことで、自動車用部品の製作を開始し、その前後からオート三輪車の開発の準備を始めた。オート三輪車に目を付けたのは、この会社の社長が戦前に日産のダットサン販売を手がけた吉崎良造であったからだ。もともと自動車の販売の世界ではよく知られていた人物で、自動車業界に詳しいことから、オート三輪車を中心にした企業として活動することに的を絞ったのだ。

　自動車の世界に広い人脈を持つ強みを発揮して、日本内燃機の製造部長であった中村賢一郎を開発の責任者としてスカウトした。中村は、くろがねの創業者であった蒔田鉄司と

サンカーEV型 V2エンジン。847cc、圧縮比5.0、21馬力。

1956年のサンカーAA型が最終モデルとなった。丸ハンドルになり、エンジン出力も27馬力となっていた。

ともに、大正時代に白楊社でクルマづくりを学んだ技術者で、蒔田と同じく東京高等工業（東京工業大学の前身）出身で、戦時中の日本内燃機では蒔田の跡を継いで製造部長をしていた。

同社のオート三輪車は、サンカーと名付けられて1947年（昭和22年）から発売されたが、まだ戦後の混乱の残る時代のことで、つくるそばから売れた。エンジンは空冷単気筒847ccで750kg積み、サンカーという車名は、三輪車の3（サン）にカーを付けたものであるという。

サンカーでは850ccライトバンも1953年に製作した。全長3450mm、全幅1580mm、ホイールベース2200mm、車重825kg、積載量500kgであった。

1949年に吉崎氏が他界し、中村氏が後任の社長に就任、一段と技術志向を強めた。750kg積みと1トン積みがあり、売れ筋の1トン車用エンジンは、その後V型2気筒の1105ccエンジンとなり、V型のシリンダーのひとつを水平に置いたL型にして搭載された。この搭載方式はサンカー独特のものであった。

その後も、いろいろと凝った機構を採用して特徴を出したが、オート三輪車の販売が全体として伸びるようになると、量産効果を上げて合理化を図る競争に付いていくのが次第に苦しくなった。そして、日新工業は1954年（昭和29年）の不況で経営が行き詰まった。そこで助け船として政治家の有田二郎氏が後ろ盾となり、再建が図られた。企業名も日新工業からサンカー製造に改められたが、抜本的な改革をすることができず、それ以降も数年の間わずかにオート三輪を生産するだけで姿を消した。

■川西航空機から分離した明和自動車のアキツ

アキツ号を生産した明和自動車は、航空機産業からの転身である。前身の川西航空機は、飛行機メーカーとしては三菱や中島に次ぐ伝統を持っており、製作した航空機は、97式水上偵察機、97式4発飛行艇、紫電及び紫電改局地戦闘機などである。このほかにも航空機用エンジンやその補機類などを製作していた。

終戦の翌年になって、会社の商号を「明和興業」に改めて民需の転換を図った。オート三輪車のほかにオートバイも手がけ、1949年（昭和24年）に企業再建整備計画により、オート三輪車を中心とする「明和自動車工業」と、オートバイや航空機部品や農業用石油エンジンなどをつくる「新明和工業」に分割された。

ホンダやスズキに次ぐ有力メーカーとしてポインター号をつくった新明和は関西を中心とするオートバイファンから多くの支持を得ていた。

オート三輪車は4サイクルのサイドバルブ空冷単気筒670ccからスタート、排気量を750ccへと拡大、16馬力となっている。積載量は500kgから1トンまであった。生産台数は他のメーカーには及ばなかったものの、1952年までは順調な伸び率を示した。

しかし、売り手市場で現金を積まなくては品物は渡さないというビジネスが通用した時代から、次第に商品力がものをいう、販売力を無視することができない時代になって、ア

アキツオープンワゴン。幌による屋根が荷台までカバーしている珍しいタイプ。1951年モデル。

1954年型モデルのアキツF6型。1.5トン積みで荷台長さ2400mm。

キツの伸び悩みが目立つようになった。

挽回するために1954年3月に空冷オーバーヘッドバルブの2気筒1450ccの45馬力エンジンを開発、この時点ではオート三輪車用エンジンとしては最大であった。F6型は全長4290mm、全幅1630mm、ホイールベースは1.5トン車が2760mm、2トン車が2850mmだった。ミッションも前進4速、最高速は70km/h、燃料タンクは30リッターとすべてにわたってビッグだった。ヘッドランプも二眼式になったが、あか抜けたスタイルになっているとはいえなかった。

1953年は5000台を超える生産台数を記録したものの、翌54年は4000台を割り込み、代金の回収もうまくいかなくなり、苦境に立たされた。満を持して投入した新型モデルの販売も思うように伸びず、結果としてこれが命とりとなった。

1955年6月には工場の閉鎖に追い込まれたが、取引銀行の三和銀行が再建に乗り出した。同じように三和銀行と取り引きのあったダイハツが、銀行と折半で出資して新しく旭工業として再スタートを切ることになった。社長はダイハツから送り込まれ、アキツブランドのオート三輪車の代わりに、この工場で販売を伸ばしているダイハツのオート三輪車がつくられた。これにより、アキツ号は姿を消し、後にミゼットの生産工場となった。

■ターニングポイントとなった1955年

1955年には、トヨタがトヨペットクラウンを、日産が新型ダットサンを出して自動車メーカーも新しい時代を迎えることになるが、オート三輪メーカーも生き残りを賭けて、

旧なかのモーターの技術陣が開発した「ヤマト」、1300ccc35馬力エンジンを搭載、しかし、成功とはいえなかった。

1953年5月、東京・上野公園で
開催された自動車産業展示会。

1954年4月に第1回全日本自動車ショウが日比谷で開催された。日本自動車工業会などの主催で大変な人気となった。

さらに競争が激しくなる。

　依然として乗用車よりもトラックのほうが生産
台数が多かったが、1950年代の後半になるとオー
ト三輪車の圧倒的優位が崩れていくことになる。
オート三輪車の高性能・高級化が進んだのに対し
て、経済性を考慮した四輪小型トラックが登場し
たからである。

　コストのかかるものになっていくことでオート三
輪車の優位性が失われれるとともに、経済的に豊か
になっていくという時代背景があって、オート三輪
車が勢いを失っていくことになる。

　そのきっかけをつくったのが、後にトヨエースと呼
ばれるトヨタのセミキャブオーバータイプの小型ト
ラックSKB型であった。そして、こうした経済性を考
慮した四輪トラックが各メーカーから登場するように
なり、メーカーの勢力地図も大きく変化していくこと
になる。1950年代の中盤から後半にかけて、日本経済

1954年に発売されたSKB型ト
ラックの完成を祝うセレモニー。

が本格的に復興してきたことで、それぞれ独自の道を進んでいたはずの小型四輪メーカー
とオート三輪メーカーは競争相手になる状況がつくられたのである。

　同時に日本のモータリゼーションが進展していくことを示していた。そうした背景のも
とに1954年4月には、最初の全日本自動車ショウが日比谷公園で開催された。その前年の
上野公園での自動車産業展がそのプレイベントともいうべきものであったが、自動車に対
する関心が高まりつつあったことを示している。

　いすゞがヒルマンを国産化し、日野がルノーを国産化したことによって、自動車メー
カーの競争が激しくなってきたが、オート三輪メーカーも四輪に進出する意欲を見せてい
た。しかしながら、日産のオースチンも含めて、技術提携によって国産化した乗用車は、
思っていたよりも販売が伸びずに、自動車メーカーの競争が本格化したとはいえない段階
だった。

トヨタSB型/SG型トラック

戦後最初にトヨタで量産された小型車がSB型トラックで、これをベースにして小型乗用車がつくられている。トヨタの型式名の最初のSはエンジンがS型であることを示している。SC・SD型はセダンで、SG型がSBトラックの改良型である。

トヨタSB型スタンダード（1948年）
全長3950mm、全幅1590mm、ホイールベース2400mm、トレッド（前）1325mm（後）1350mm、シャシー重量755kg、積載量1000kg、エンジン：S型4サイクル水冷995cc、最高出力27ps/4000rpm、変速機：前進4段後退1段

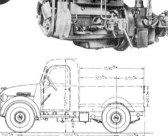

SB型用シャシー

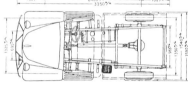

トヨペットSB型バン

トヨペットトラックSG型（1952年）
全長4195mm、全幅1594mm、全高1735mm、ホイールベース2500mm、トレッド（前）1325mm（後）1350mm、最低地上高170mm、荷台：長1905mm、幅1454mm、高465mm、シャシー重量760kg、最大積載量1000kg、乗車定員2名、最高速度70km/h、最小回転半径5.43m、エンジン：S型水冷直列4気筒995cc、圧縮比6.5、ボア・ストローク65×75mm、最高出力28ps/4000rpm、最大トルク6kgm/2400rpm、タイヤサイズ：6.50-16-6P

トヨペットトラックRK型1.5

1953年に登場したRK型トラックは、前年に開発されたR型1500ccエンジンを搭載してSG型トラックがモデルチェンジされたもの。これが後のトヨペットスタウトの前身にあたる。

トヨペットトラックRK型（1953年）
全長4265mm、全幅1675mm、全高1735mm、ホイールベース2500mm、トレッド（前）1325mm(後）1350mm、荷箱（内寸）：長1957mm、幅1535mm、高465mm、車両総重量2580kg、エンジン：R型OHV1453cc、ボア・ストローク77×78mm、圧縮比6.8、最高出力48ps/4000rpm、最大トルク10kgm/2400rpm

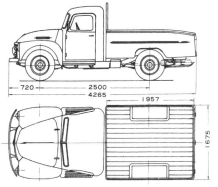

ダットサントラック

戦前につくられたダットサンを戦後につくり直したもの。戦後の小型車規格に合わせてエンジンの排気量を大きくしたので、性能的に限界があった。42頁のものに比較するとあか抜けてはいるものの、1955年にダットサンがモデルチェンジされるまで、同じような仕様でつくり続けられた。

ダットサントラック（1951年）
全長3398mm、全幅1398mm、全高1580mm、ホイールベース2150mm、トレッド（前）1048mm（後）1180mm、シャシー重量750kg、積載量500kg、エンジン：D10型SV水冷860cc、ボア・ストローク60×76mm、最高出力21ps/3600rpm、変速機：前進3段後退1段

ダットサンバン（1951年）
全長3695mm、全幅1470mm、ホイールベース2200mm、トレッド（前）1038mm（後）1180mm、シャシー重量465kg、積載量500kg、エンジン：D10型4サイクル水冷860cc、変速機：前進3段後退1段、タイヤサイズ5.00-16-4P

プリンストラック

1952年に他社に先駆けて「たま自動車」(プリンス自動車の前身)は、小型枠一杯の1500ccエンジン搭載の小型トラックをプリンスセダンとともに発売した。当初1200kg積みであったが、53年モデルでは1500kg積みにしている。頑丈なフレームを持っていたが、トヨタのように量産できないのがつらいところだった。

プリンスAFTF-Ⅰ型トラック（1952年）
最大積載量1200kg、最高速度80km/h、エンジン：水冷直列4気筒OHV型1484cc、圧縮比6.5、ボア・ストローク75×84mm、最高出力45ps/4000rpm、最大トルク10kgm/2000rpm

プリンスAFTF-Ⅲ型（1953年）
全長(高床)4270mm/(低床)4265mm、ホイールベース2550mm、荷台：長(高床)1936mm/(低床)1958mm、最大積載量1500kg、車両重量(高床)1424kg/(低床)1388kg、エンジン：水冷直列4気筒OHV1484cc、ボア・ストローク75×84mm、圧縮比6.5、最高出力45ps/4000rpm、最大トルク10kgm/2000rpm、変速機：前進4段後退1段

オオタOS・KA型トラック

戦前から小型車づくりでは実績のあったオオタの高速機関工業は、ダットサン同様にエンジン排気量を拡大して小型車とした。量産設備がトヨタや日産に劣っていたぶん頻繁に改良を加えて新しいモデルを出すことが可能であった。しかし、世の中が安定してくると、そのハンディが大きくなっていった。

オオタOS型トラック（1950年）
全長3442mm、全幅1360mm、ホイールベース2100mm、トレッド（前）1056mm（後）1150mm、シャシー重量420kg、積載量750kg、エンジン：E8型4サイクル水冷760cc、最高出力20ps/4000rpm、変速機：前進3段後退1段、タイヤサイズ：5.00-6-4P

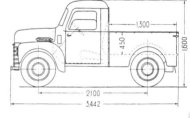

1953年KC型のエンジン

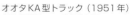

オオタKA型トラック（1951年）
全長3805mm、全幅1460mm、ホイールベース2320mm、トレッド（前）1200mm（後）1200mm、シャシー重量500kg、積載量800kg、エンジン：E9型4サイクル水冷903cc、最高出力23ps/4000rpm、変速機：前進3段後退1段、6.00-6-6P

オオタKC・KD型トラック

オオタKC型トラック（1953年）
全長4013mm、全幅1574mm、全高1745mm、ホイールベース2355mm、地上高195mm、最小回転半径5.5m、荷台：長1800×幅1450×深450mm、シャシー重量654kg、積載量1000kg、車両総重量2123kg、エンジン：F9型水冷直列SV式903cc、ボア・ストローク61.5×76mm、圧縮比6.5、最高出力24ps/4000rpm、最大トルク5kgm/2200rpm、変速機：前進4段後退1段

オオタKD型トラック（1954年）
全長4190mm、全幅1610mm、ホイールベース2440mm、最大積載量1250kg、車両重量1210kg、エンジン：OHV1263cc、圧縮比7、最高出力45ps/4000rpm

ダイハツPSK型ほかオート三輪

戦前からのトップメーカーとして技術的にオート三輪の世界をリードした。先進技術を導入するより手堅くユーザーの求めるクルマづくりに徹したのがダイハツの手法であった。

ダイハツPSK型
（1951年）
全長3100mm、全幅1390mm、全高1200mm、ホイールベース2050mm、車両重量590kg、積載量500kg、エンジン：空冷単気筒736cc、最高出力14.5ps/3000rpm、変速機：前進3段後退1段、タイヤサイズ：4.40-18-4P

ダイハツVSK型750ccバン
全長3690mm、全幅1430mm、全高1740mm、ホイールベース2270mm、車重750kg、積載量500kg、エンジン：単気筒空冷4サイクルSV736cc、最高出力14.5ps/3000rpm、変速機：前進3段後退1段、タイヤサイズ：5.00-16-4P

ダイハツ1000ccトラック（1951年）
全長3680mm、全幅1440mm、全高1200mm、ホイールベース2400mm、車重700kg、積載量750kg、エンジン：Lヘッド型2気筒空冷4サイクル1005cc、最高出力22ps/3500rpm、変速機：前進3段後退1段、タイヤサイズ：6.00-16-6P

ダイハツSSR・SV・SSX型

ダイハツSSR型（1953年）

全長3700mm、全幅1470mm、全高1820mm、ホイールベース2370mm（標準仕様SR型2140mm）、トレッド（後）1300mm、荷台：長2040mm、幅1350mm、高420mm、最大積載量750kg、最小回転半径3.8m、エンジン：4GA単気筒SV736cc、ボア・ストローク94.5×105mm、圧縮比4.6、最高出力15ps/3500rpm、変速機：前進3段後退1段、タイヤサイズ（前）5.50-16-6P（後）6.50-16-6P

ダイハツSV型（1953年）

全長3740mm、全幅1480mm、全高1830mm、ホイールベース2410mm、トレッド（(後)1300mm、荷台：長2040mm、幅1350mm、高420mm、最大積載量1000kg、最小回転半径3.9m、エンジン：4GA90°V型2気筒SV1005cc、ボア・ストローク80×100mm、圧縮比4.6、最高出力24ps、変速機：前進6段後退2段

ダイハツSSX型（1954年）

全長4960mm、全幅1660mm、全高1870mm、ホイールベース3130mm、トレッド1450mm、荷箱：長3180mm、幅1490mm、高365mm、積載量2000kg、車両重量1310kg、エンジン：空冷90°V型2気筒SV1431cc、ボア・ストローク94.5×102mm、圧縮比4.8、最高出力33ps、変速機：前進6段後退2段、タイヤサイズ：（前）6.00-16-8P（後）7.50-16-12P

マツダCT・HB・LB・CTA型オート三輪

戦後は業界のトップメーカーとして次々に新モデルを投入しただけでなく、技術的にも進んだ機構を導入した。スタイルもマツダらしさを強調して、他のメーカーのものとの差別化を図っている。進んだ設備を積極的に採用して量産体制をととのえたことで、安定した性能で仕上がりの良いオート三輪車になっていた。

マツダCT型（1950年）
全長3800mm、全幅1583mm、全高1800mm、ホイールベース2510mm、車重850kg、積載量1000kg、エンジン：空冷60°V型2気筒4サイクルOHV1157cc、最高出力32ps/3200rpm、変速機：前進4段後退1段

CT型用エンジン

マツダHB型（1951年）
全長3065mm、全幅1465mm、全高1215mm、ホイールベース1903mm、車重656kg、積載量500kg、エンジン：空冷単気筒4サイクルSV701cc、最高出力15.2ps/2800rpm、変速機：前進4段後退1段

マツダLB型（1951年）
全長3625mm、全幅1465mm、全高1215mm、ホイールベース2255mm、車重697kg、積載量500kg、エンジン：空冷単気筒4サイクルSV701cc、最高出力15.2ps/2800rpm、変速機：前進4段後退1段

マツダCTA（CTAL・CTAL1）型（1953年）
全長4240（4840）mm、全幅1685mm、全高1800（1790・1795）mm、ホイールベース2675（3120）mm、トレッド1455mm、荷台：長2400（3000）mm、幅1480mm、高370mm、最大積載量1000（CTAL1型は2000）kg、車両重量1181（1226・1256）kg、エンジン：CA型60°V型2気筒OHV1157cc、ボア・ストローク85×102mm、圧縮比5.5、最高出力32ps/3500rpm、最大トルク7.3kgm/2600rpm、変速機：前進4段後退1段

マツダCTAL1型

マツダCTA・CHTA102型

マツダCTA型（1954年）
ホイールベース（82型）2835mm／（102型）3120mm、トレッド1455mm、最大積載量2000kg、エンジン：空冷60°V型2気筒OHV1157cc、ボア・ストローク85×102mm、圧縮比5.5、最高出力32ps／3300rpm、最大トルク7.3kgm/2600rpm

マツダCHTA102型（1954年）
全長4830mm、全幅1685mm、全高1815mm、ホイールベース3120mm、トレッド1455mm、積載量2000kg、最高速77km/h、エンジン：60°V型OHV1400cc、ボア・ストローク90×110mm、最高出力38.4ps/3500rpm、最大トルク9.1kgm、タイヤサイズ（前）6.50-16-6P（後）7.50-16-12P

くろがねKC・KD型オート三輪

戦後のくろがねは、創業者であり技術の総帥でもあった蒔田鉄司が去ったこともあって、経営的に苦労が耐えない状況が続いた。それでも戦前からの伝統で手堅く堅牢なクルマづくりで一定の支持を受けた。しかし、他のメーカーがスタイルや装備の充実を図るようになると後手にまわるようになり、第三位の地位も失うことになった。

くろがねKC型（1950年）
全長3220mm、全幅1410mm、全高1200mm、ホイールベース2120mm、車重620kg、積載量500kg、エンジン：空冷45°V型2気筒4サイクルSV747cc、最高出力18ps/3500rpm、変速機：前進3段後退1段

くろがねKD型（1953年）
全長3530mm、全幅1480mm、全高1800mm、積載量1000kg、最高速70km/h、エンジン：Lヘッド空冷90°V型2気筒4サイクル995cc、最高出力26ps/4000rpm、変速機：前進3段後退1段

くろがねKD54年型（1954年）
全長3680mm、全幅1540mm、全高1880mm、荷箱：長2000mm、幅1360mm、高360mm、積載量1000kg、最高速65km/h、最小回転半径3m、エンジン：90°V型995cc、ボア・ストローク80×90mm、圧縮比4.8、26ps/3500rpm、前進4段後退1段

くろがねKE・KGL型

くろがねKE型（1954年）
全長3250mm、全幅1480mm、全高1840mm、ホイールベース2120mm、トレッド(後)1270mm、荷台：長1600mm、幅1300mm、高360mm、最大積載量750kg、車両総重量1572kg、最高速70km/h、最小回転半径2.8m、エンジン：4GA90°V型2気筒SV762cc、ボア・ストローク70×99mm、圧縮比4.8、最高出力20ps/3500rpm、最大トルク4.3kgm/2000rpm、機関重量72kg

くろがねKGL型（1955年）
全長3610mm、全幅1480mm、ホイールベース2302mm、荷箱：長2000mm、幅1300mm、高360mm、最大積載量750kg、エンジン：90°V型2気筒OHV870cc、ボア・ストローク75×99mm、圧縮比4.8、最高出力22ps/3500rpm、前進3段後退1段

みずしまTM3FC・TM3K型オート三輪

飛行機をつくっていた三菱重工業の技術者たちは、オート三輪部門に参入するにあたっては、その技術的な難易度の違いで、初めのうちは不満を持っていたようだが、やがて真剣に開発に取り組んだ。しかし、オート三輪車はユーザーの懐に飛び込んでその要求に応えることが大切で、伝統のあるマツダやダイハツに並ぶところまでいくことができなかった。

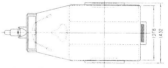

中日本 TM3FC 型
(1951 年)
全長3300mm、全幅1452mm、全高1865mm、ホイールベース2070mm、車重670kg、積載量500kg、エンジン：空冷単気筒4サイクルSV744cc、最高出力15ps/3400rpm、変速機：前進3段後退1段

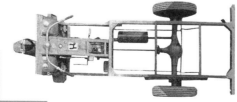

中日本 TM3K 型（1951 年）
全長3500mm、全幅1580mm、全高1870mm、ホイールベース2270mm、車重790kg、エンジン：空冷単気筒4サイクルSV744cc、最高出力15ps/3400rpm、変速機：前進3段後退1段

みずしまTM4E・TM5F型

みずしまTM4E型
（1952年）
全長3610mm、全幅
1452mm、全高
1780mm、ホイール
ベース2360mm、積載
量780kg、最高速
55km/h、エンジン：空
冷4サイクル単気筒
SV886cc、最高出力
20.5ps/3400rpm、タ
イヤサイズ（前）5.50-
16-6P（後）6.50-16-
6P

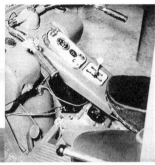

みずしまTM5F型
（1954年）
全長3010〔4210〕mm、全
幅1550mm、全高1780mm、
ホイールベース2460〔2575〕
mm、トレッド1360mm、荷
箱：長2150〔2550〕mm、幅
1420mm、高430mm、積載
量1000kg、車両重量875
〔910〕kg、最高速55km/h、最
小回転半径3.8〔4.1〕m、エン
ジン：空冷竪型単気筒
SV886cc、ボア・ストローク
95×125mm、最高出力
20.5ps/3400rpm
※〔 〕内はTM5Gロングボ
ディ車

チャイアントAA3・AA5B・AA7型オート三輪

飛行機メーカーを前身に持つ愛知機械工業は、強力でタフなエンジンを開発して特徴を出した。特に水冷エンジンにしたことにより、キャビンを独立型にするのが容易であった。他のメーカーは空冷エンジンだったので自然空冷のままでは開放型にするよりなかった。

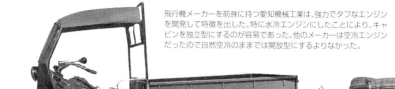

チャイアント AA3 型（1951年）
全長3200mm、全幅1450mm、全高1845mm、ホイールベース2150mm、車重620kg、積載量500kg、エンジン：単気筒水冷4サイクルOHV636cc、最高出力19ps/3600rpm、変速機：前進3段後退1段

チャイアント AA5B 型（1952年）
全長3800mm、全幅1555mm、全高1750mm、ホイールベース2300mm、車重1000kg、エンジン：単気筒水冷4サイクルOHV636cc、最高出力19ps/3600rpm、変速機：前進3段後退1段

チャイアント AA7 型（1951年）
全長4170mm、全幅1600mm、全高1750mm、ホイールベース2575mm、車重1040kg、積載量1000kg、エンジン：水平対向2気筒水冷4サイクルOHV1145cc、最高出力41ps/4000rpm、変速機：前進4段後退1段

ヂャイアントAA-6・AA-11型

ヂャイアント AA-6 型 （1954 年）
全長3680mm、全幅1486mm、全高1800mm、ホ
イールベース2400mm、トレッド1224mm、最低
地上高210mm、最速60km/h、エンジン：水冷OHV
単気筒636cc、最高出力19ps/3600rpm

**ヂャイアントAA-
11型（1954年）**
全長4270mm、全幅
1800mm、全高
1800mm、荷箱：長
2400mm、幅
1500mm、高
420mm、最大積載量
1500kg、エンジン：
AE-5型水冷水平対向
2気筒1145cc、ボ
ア・ストローク90×
90mm、最高出力
41ps

オリエントDC・KF型オート三輪

残念ながら全国区の活躍とはならなかったが、ダイハツやマツダにない味わいがあってユーザーを獲得した。1953年から登場した水冷エンジンが主力となったが、装備などではトップメーカーに遅れをとった。

オリエントDC型（1951年）
全長3490mm、全幅1270mm、ホイールベース2255mm、車重597kg、積載量600kg、エンジン：空冷単気筒4サイクルSV766cc、最高出力16.5ps/3600rpm、変速機：前進3段後退1段

オリエントKF型（水冷KH型、1952年）
全長3672mm、全幅1560mm、全高1270mm、荷箱：長1970mm×幅1460mm、積載量1000kg、エンジン：KF型空冷（KH型水冷）直立2気筒1005cc、ボア・ストローク80×100mm、最高出力26ps/3800rpm（水冷32ps/3800rpm）、圧縮比5.0（水冷6.0）、変速機：前進3段後退1段

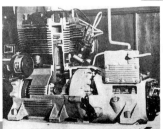

オリエントKH・LC型オート三輪

オリエントKH3型（1953年）
全長4735mm、全幅1600mm、全高2000mm、ホイールベース2970mm、荷台：長3000mm、幅1460mm、高450mm、最大積載量1500kg、車重1029kg、地上高190mm、最小回転半径4.1m、エンジン：水冷直列2気筒SV1270cc、ボア・ストローク90×100mm、圧縮比6.5、最高出力35ps/3400rpm、最大トルク8.5kgm/2200rpm、変速機：前進4段後退1段

オリエントLC型（1953年）
全長3640mm、全幅1400mm、全高1900mm、ホイールベース2390mm、トレッド1215mm、最大積載量750kg、車両総重量1563.5kg、最高速60km/h、最小回転半径3.0m、エンジン：直立単気筒766cc、ボア・ストローク95×108mm、圧縮比4.7、最高出力16.5ps/3600rpm、最大トルク4.05kgm/2000rpm

サンカーオート三輪

資本力の不足に悩まされながらの活動であったが、初期にはそれなりの性能を示して次のモデルを開発することができたが、次第に先細りとなっていった。

サンカー 850cc（1951年）

全長３４００mm、全幅1300mm、全高1200mm、ホイールベース2200mm、車重６１０kg、積載量750kg、エンジン：空冷45″V型2気筒4サイクルSV847cc、最高出力21ps/3500rpm、変速機：前進3段後退1段

サンカー JA 型（1953年）

全長3960mm、全幅1790mm、全高1300（幌なし）mm、ホイールベース2615mm、トレッド1470mm、最大積載量1500kg、車両総重量2575kg、エンジン：空冷90°V型SV1105cc、ボア・ストローク80×110mm、圧縮比5.0、最高出力27ps/3500rpm、変速機：前進4段後退1段、タイヤサイズ（前）6.00-16-6P（後）7.00-16-8P

サンカー KA 型（1953年）

全長3630mm、全幅1570mm、全高1210mm、ホイールベース2370mm、トレッド1265mm、最大積載量1000kg、車両総重量1895kg、エンジン：EB型空冷45″V型2気筒SV847cc、ボア・ストローク70×110mm、圧縮比5.0、最高出力21ps/3500rpm、変速機：前進3段後退1段

サンカー AA 型（1956年）

全長４０１０mm、全幅1710mm、全高1860mm、ホイールベース2548mm、トレッド（後）1480mm、車両重量1100kg、積載量1000kg、エンジン：L型強制空冷90°V型2気筒1105cc、ボア・ストローク80×110mm、圧縮比5.0、最高出力27ps/3500rpm、変速機：前進4段後退1段

アキツオート三輪

川西航空機の流れを汲むとはいえ、オーナーが不在の中で残された人たちが中心になって活動したもので、新モデルの開発や生産設備の充実を図るには他の有力メーカーとの格差が大きかった。

アキツ750ccC型（1951年）

全長3750mm、全幅1374mm、全高1230mm、ホイールベース2430mm、車重620kg、積載量500kg、車両総重量1950kg、最高速68km/h、エンジン：空冷単気筒4サイクルSV744cc、最高出力16ps/3200rpm、変速機：前進3段後退1段、タイヤサイズ（前）5.00-16-6P（後）6.00-16-6P

アキツF5S型（1954年）

全長4940mm、全幅1725mm、全高1930mm、ホイールベース3150mm、トレッド1450mm、荷台：長3000mm、幅1600mm、高430mm、最大積載量2000kg、車両総重量3510kg、最高速70km/h、最小回転半径5.5m、エンジン：F型空冷直列2気筒OHV1450cc、ボア・ストローク95×102mm、圧縮比5.5、最高出力45ps/3000rpm、最大トルク9.5kgm/2000rpm、タイヤサイズ（前）6.50-16-6P（後）7.00-20-12P

アキツF6型（1954年）

全長4290mm、全幅1630mm、全高1850mm、ホイールベース2760mm、トレッド1400mm、荷箱：長2400mm、幅1500mm、高370mm、積載量1500kg、車両総重量2910kg、最小回転半径4.2m、エンジン：直列2気筒OHV1446cc、ボア・ストローク95×102mm、圧縮比5.5、最高出力45ps/4500rpm、最大トルク9.5kgm、機関重量130kg、変速機：前進4段後退1段

第3章　オート三輪車のピーク

1．神武景気による好況と自動車メーカーの動向

　戦争とは無縁となった日本の戦後は、景気の波によって経済が大きく左右されていく。

　最初の好景気は朝鮮戦争による特需だったが、その景気も一段落した1953年ころから後退し、1954年には外貨不足もあって、金融引き締め政策が実施された。この影響もあって、経営状態の良くないアキツの明和工業とサンカー製造は姿を消すことになり、小型四輪メーカーではオオタ自動車が経営が悪化したのである。

　1955年(昭和30年)になると、輸出が伸び始めて国際収支がよくなり、景気は急速に回復してきた。鉄鋼、電力、電気機械、造船などが積極的に設備投資して生産も増えていった。

　1956年になると、いわゆる神武景気が訪れ、コストを下げて性能の良いものにする競争が展開された。他のメーカーの動向に合わせて製品をつくるのではなく、独自性を出すことが求められ、ユーザーの多様な要求に応えるために新しいモデルを的確に出していくこ

1955年に開催された第2回全日本自動車ショウの全景。各メーカーが新型モデルを登場させたこともあって、会場は熱気にあふれていた。

前年に続いてショウは日比谷公園を会場として、資料展示もあり、参加は四輪メーカー9社、オート三輪メーカー8社、二輪メーカー26社、部品関連企業173社と盛大だった。

到来と小型トラックの台頭

とが重要になっていく。

　1950年代後半の大きな特徴は、トヨタと日産がクラウンとダットサンの販売を伸ばすことで、自動車メーカーとしての地位を確立した。まだ欧米の水準に及ばなかったものの、日本の技術でクルマを開発するようになり、クルマの販売が伸びていくことで、生産体制の充実が図られて、やがてトヨタ生産方式に代表される日本型の自動車生産方式が確立する基礎をつくることになる。

　有力メーカーがひしめくオート三輪車の世界では、それぞれのメーカーが各クラスで競合するようになり、性能や車両価格、使い勝手の良さなどでライバルメーカーに勝とうとして、激しい開発競争が繰り広げられた。ダイハツとマツダという、それぞれに特徴と技術力のあるメーカーがトップメーカーとして激しく競っていたから、二大メーカーにさらに引き離されないように、他のオート三輪メーカーは無理をしなくてはならなかった。

　景気がよいときには、全体の販売台数が伸びるから良いが、景気が後退すると体力のないメーカーは経営を圧迫される。神武景気といわれた戦後の高度経済成長の始まりの好況も、1957年にはピークを越え、1958年には不況がやってきた。実際には、このときの景気後退は長く続かずに1960年代の所得倍増時代を迎えることになるのだが、それゆえにクライマックスを迎えたオート三輪車は、経済成長の荒波により衰退傾向を強めていくことになる。

　オート三輪車が独立したキャビンを持ち、装備も豪華になって車両価格も高くなった。これに対して、小型四輪トラックが量産効果で車両価格を下げたことで、オート三輪車のライバルとなったのだ。それまではオート三輪車のユーザーは買い換えるときも同じオート三輪車だったが、1950年代の終わり近くなると、小型四輪に乗り換える層が増えてきた。明らかに競合するよう

ルノーを国産化した日野自動車では、これをベースにしたルノーライトバンを開発。積載量は350kg、エンジンは4CVと同じ747cc21馬力。

になったのだ。そこでオート三輪メーカーは、さらに性能向上させたオート三輪車を出したりしたが、この流れを止めることができなかった。そこで、マツダやダイハツでは小型四輪車の開発に乗り出したのである。

■トヨエースの登場とその普及

　オート三輪車と小型四輪トラックが競合するきっかけをつくったのはトヨエースの登場である。その前身であるトヨタの1000ccセミキャブオーバータイプトラックのトヨタSKB型は1954年に登場している。それまでのボンネットタイプの小型トラックとは、明らかに違ったコンセプトで開発されたものだった。

　従来からの乗用車に近いトラックとは異なって、最初からコストを掛けずに荷台スペースを大きくした設計のトラックである。オート三輪車が全盛の1950年代にはいっての企画で、オート三輪車に対抗する意図を持っていた。これが、1956年になってトヨエースという名称になり、販売を伸ばしていく。

　トヨタは、小型車用エンジンでは1000ccサイドバルブのS型しかなかったが、1953年に小型車の上限である1500ccR型エンジンを開発した。この1500ccオーバーヘッドバルブとなったR型エンジンはS型エンジンを搭載していたトラックや乗用車にそのまま載せられた。それまでの30馬力から一挙に48馬力になり、同じ車体だったから性能が大きく向上、タクシーに使用されたRK型セダンは、スピードを上げてかせごうとすることで「神風タクシー」といわれて話題を呼んだ。

　旧来のS型エンジンを生かすための方法として考えられたのが、トヨタSKB型トラックで、車両価格を安くすることを念頭にして開発された。高級感を出すためにクロームメッ

トヨペットライトトラックSKB型がトヨタ最初のセミキャブオーバートラックで、発売は1954年であったが、1956年にトヨエースと命名され、車両価格を引き下げて販売を伸ばし、オート三輪ユーザーを取り込むことに成功した。

1955年にクラウンと同時に発売されたトヨペットマスターをベースにしたピックアップトラックのマスターライン。前後ともリーフリジッドサスペンションで丈夫であるのが取り柄だった。

R型エンジンを搭載したボンネットタイプのトヨペットトラック。その後これをベースにして1959年からトヨペットスタウトという車名になる。

1956年5月にR型1500cc48馬力エンジンを搭載して、トヨエースよりひとまわり大きいセミキャブオーバーのトラックとルートバンを発売した。はしご型フレームに架装するので、荷台スペースはさまざまな仕様になるものだった。

キなどの装飾をいっさい辞めて、部品点数もできるだけ少なくし、既存のSB型トラックのフレームを流用し、シートなども簡易なものにしている。グリル部分が前に少しつきだしたセミキャブオーバータイプであるが、ボンネットタイプのトラックより荷台は長くなり、積載量1トンとなった。同じ小型であるダットサントラックの荷台は長さ1550mm、幅1368mmだったのに対して、トヨタSKB型の荷台は長さ2495mm、幅1515mmとなっていて、小型トラックとしては最大であった。

それでも、1954年9月に発売を開始したときのSKB型トラックは、東京店頭渡しで62.5万円という車両価格だった。このころの1000cc乗用車は100万円前後だったから、これでもかなり低価格だったが、この当時の1000ccクラスのオート三輪車は40〜45万円程度だったから、価格差が小さいとはいえなかった。

発売当初は景気も良くなく、目立つ売れ行きを示さなかった。しかし、徐々に販売台数は上向いた。そこで、トヨタはそれまでの常識を破る販売政策を実施した。このときのトヨタ自動車工業の社長は石田退三で、トヨタ自動車販売の社長は神谷正太郎だった。

トヨタきっての商売人といわれる二人のトップが増販のために打ち合わせて、大幅に車両価格を引き下げると同時に販売体制を強化することになった。1台当たりの利益を少なくする代わりに大量に販売することで採算をとる方針であった。

1956年1月に車両価格を一気に7万円引き下げて、車名をトヨエースと改めたのである。トヨタでは、普通トラックにディーゼルエンジンを搭載して新しい販売店をつくっていたが、これを元にして新しい販売チャンネルをつくって大幅に店数を増やして、トヨエースの販売に力を入れた。

これは、明らかにオート三輪車の顧客を取り込もうとする作戦であった。この後も、タイミング良く車両価格を引き下げていき、最終的には46万円とほとんどオート三輪車と遜色がない価格となり、トヨエースの販売台数は鰻登りとなった。

1956年8月には月産1000台を突破していたが、1957年4月には月産2000台に達した。これはトヨタ自動車の生産台数の3分の1を占める数字であった。1958年にはスタイルも一新、車種バリエーションも増えた。

このほかにもボンネットタイプのR型エンジンを搭載したひとまわり大きいトヨペットライトトラックを発売、同時にセミキャブオーバータイプのトラックも発売し、トヨタは

3種類の小型トラックを持った。このボンネットタイプがスタウトになり、キャブオーバータイプがダイナという名称を与えられる。

■各メーカーの小型トラックの登場

　日産は、トラックの開発では明らかにトヨタに遅れをとった。ボンネットタイプのトラックを先に出し、キャブオーバータイプの登場が遅れてトヨエースが市場で一定の評価を受けてから同じタイプのダットサンキャブライトを投入した。しかも、エンジンは1000ccにも満たない古くなったダットサンに使用していたエンジンを搭載するなどして、性能的にもトヨタにに太刀打ちできるものではなく、当然のことながら販売は低迷した。

　そんななかで健闘したのが、ダットサン乗用車をベースにしたトラックである。

　1955年に新型ダットサンを発売したのにともなって、トラックも新型になった。今でいうピックアップトラックであるが、乗用車感覚のトラックとして人気があった。

　日産の最初の本格的小型トラックは、4トン積みの中型トラックと、このダットサントラックの中間のクラスとして開発されたニッサンジュニアで、オースチン用エンジンを利用した1500ccエンジンを搭載した1750kg積みのボンネットトラックとして1956年8月に発売された。ベンチシートにして乗員は3名の小型トラックである。

　このシャシーを利用したキャブオーバータイプの2トン積みトラックである日産ジュニアキャブオールが市販されるのは翌1957年のことで、これが日産の最初の小型キャブオーバートラックである。

1955年にダットサンは新型となり、これにともなってダットサン120型トラックとライトバンがつくられた。

小型経済車のダットサンキャブライトは1958年6月に登場、トヨエースに3年遅れて旧型のエンジンを搭載して魅力のないトラックであった。

　トヨエース同様に旧型となったサイドバルブ860ccエンジンを搭載した小型経済車であるキャブオーバータイプのトラックが発売されるのは1958年6月になってからで、トヨタに大きく遅れをとった。これが750kg積みのダットサンキャブライトである。

　ダットサンは1957年6月にオースチン用エンジンをベースにした1000ccエンジンに換装したダットサン210型を発売するが、トラックも同様に新エンジンを搭載した。

　これにより、性能はもちろん、信頼性も向上してダットサントラックが日産トラックのなかではもっとも売れ行きが良かった。ちなみに、このころの日産車は小型上限のクラスのクルマには「ニッサン」がつけられ、それより小さいブルー

バードなどのクルマが「ダットサン」と呼ばれて区別されていた。

　このころになると、トヨエースはモデルチェンジを図ってスタイルも一新され、新しくP型エンジンを搭載し、それまでのS型エンジンより性能向上が図られていた。そして、生産設備ごとトヨタ自動車から関連会社である豊田自動織機に移されてS型エンジンの生産が続けられ、トヨタの新しい製品となったフォークリフト用として使用された。こうした商品戦略でも、日産はトヨタに一歩遅れた。

■プリンス自動車のトラック開発

　1955年4月に、プリンスでは新しいトラックとしてキャブオーバータイプを開発した。これは富士精密系の技術者が足として使用していたイギリス製ヘッドフォード・セミキャブオーバータイプの小型ワゴンにヒントを得たものだった。当時は、キャブオーバータイプのトラックは小型車ではまだ少数派だった。

　その後トヨエースという名称になるトヨタSKB型よりひとまわり大きく1.75トン積み（フレームを強化して1年後に2トン積みになる）だった。ステアリング機構やラジエターなどはセミキャブオーバートラックの、リアアクスルなどはボンネットトラックの機構を流用してつくられている。

　これが1958年にモデルチェンジされて、クリッパーと名付けられた。足の速い馬という意味のクリッパーは、力強さを印象づけるイメージのスタイルになった。2人乗りから3人乗りになり、2トン積みの荷台は3180mmと長くなっている。また、運転席に熱が伝わりやすかった欠点をなくし、乗り心地の向上など改善が図られた。

　1957年4月に初代スカイラインが登場、これをベースにしたボンネットタイプのトラックは1957年9月にモデルチェンジされて、プリンス・マイラーという名称になった。マイラーとは1マイル競走馬を意味していた。スタイルは洗練されたものに変わり、フロントウインドウも平面2枚ガラスから曲面ガラスになり、ホイールベースを長くして荷台の面積を拡げている。スカイラインと同じようにパワーアップされたエンジンが搭載されており、力強さで評価された。プリンスではトラックのために新しいエンジンを開発するだけの余裕もなく、手持ちのエンジンを使用せざるをえなかったが、もともと性能的に優れたエンジンであっただけに、トラックのほうもタフなことが売りものになった。

　なお、オオタ自動車は会社更生法の適用を受けて1956年には新しいモデルを登場させるなどした

1955年と比較的早い時期にプリンスは1.5リッターのキャブオーバータイプのトラックを出している。1750kg積みでルートバンも一緒にラインアップされた。これがモデルチェンジされてプリンスクリッパーになる。

が、起死回生を図ることができず、日本内燃機と合併して、1959年に東急くろがね工業となったが、その後、自動車の生産を停止する。

2. 進むオート三輪車の高級化

■日本独特の技術進化を見せるオート三輪車

　現在では、トヨタや日産が自動車メーカーの代表になっているから、歴史的に一貫して技術力でも優れていたと思われているが、1950年代の段階で見れば、オート三輪車メーカーであるダイハツ工業（1951年までは発動機製造という名称だった）や東洋工業のほうが進んでいたといえる。特に生産体制に関しては、四輪車よりも優れた量産体制を確立しており、新しい技術の導入にも積極的であった。エンジンの開発でもさまざまな試みをしており、積極的な姿勢で新しい技術を導入するなど明らかに先進的であった。

　オート三輪車は、悪路や狭い道の走行を得意としていた。荷物をたくさん積んで走行するから、スピードはゆっくりでも坂道でも力強く登り切れることが求められ、エンジンはパワーよりも低速トルクがあることが重要視された。要するにねばり強いエンジンであるとともに、シンプルでトラブルが出にくく、コストが安いことが重要だった。そのために、長いあいだ単気筒エンジンが主流を占めており、振動が多い欠点はそれほど問題にされなかった。

　戦後の小型車規定が1500cc以下になったことで、エンジンの出力やトルクがアップするにつれて、当然荷物の積載重量も増えてくる。重いものを運ぶ場合には、オーバーロードが日常化しているところもあったが、そうしたユーザーもメーカーにとっては大切な顧客であるから、彼らの要求に応えようとする。勢い、大きな積載重量に耐えられる車両開発が実施され、2トン積みのオート三輪車が登場した。同時に、荷台のスペースも大きい方が有利である。サイズ的にもオート三輪車は小型車の枠にとらわれずに、車両保安基準で許されている全長12m、全幅2.5mの規定を護れば良かったから、トレーラートラックとしてのオート三輪車も登場するようになる。

　1960年代に入るころまでは、数百台単位でトラックを所有する大手の運送会社でもオート三輪車が主力として用いられていた。車両価格が倍以上する四輪トラックでは荷物も多く積むことができない上に、ランニングコストもかかるから採算がとれなかったのだ。とくにデパートの配送などを引き受けている運送会社では、個別配達などではオート三輪車がもっとも使い勝手が良かった。小回りが利く上

ダイハツのオート三輪組立工場。1950年代後半は、生産ラインは常にフル稼働していた。

に、乗り降りが簡単で、仕事をスピーディにこなすのに便利だった。

　エンジン排気量は700ccから1000cc、1500ccと多様化し、荷台も標準タイプのほかにロングボディが用意され、荷台のアオリ部分もリアのみ開くものから左右を入れて3方開きも登場、仕様もバラエティのあるものになった。

　積載量が増大するにつれて、車両前方の荷重が圧倒的に少ない三輪車では、走行中に不安定にならない工夫が必要になってきた。そのために、フロントのサスペンション

1957年1月に東洋工業は生産累計20万台を達成。ちなみにダイハツのオート三輪車の生産累計10万台達成は1953年8月だった。

もオートバイと同じようなテレスコピックタイプから油圧式のダンパーを備えたものが登場している。

　荷物が重くなるとハンドルを切るにも相当な力が必要になり、それを軽減するためにステアリングの減力機構も取り付けられるようになり、また制動能力を上げるためにフロントにもブレーキが装備されるようになった。走行安定性を良くしようとリアのサスペンションもバネに工夫が凝らされた。

　簡単な風防付きで雨風をしのいでいたものから、次第に独立したキャビンのオート三輪車が登場するようになった。同時に四輪車と同じような丸ハンドルが普及するようになり、シートも次第にクッション付きで快適性を追求するものになった。1950年代半ばには、ライトも2つ目が普通になった。

　シンプルで価格が安く耐久性のあるオート三輪車は、次第にその姿を変えて贅沢なものになったのだ。当然のことながら、機構が複雑になれば、それだけコストのかかるものになり、車両価格も高くならざるを得ない。キャブが独立したことで、スタイリングに関心が生じて、各メーカーではデザイナーに依頼するなどして、それまで以上にスタイルでも競争を意識するようになった。

1950年代後半になると、丸ハンドル3人乗りのキャビンとなり、乗降性を良くするためにコラムシフトが採用されるようになった。

　ちなみに、1956年型の車両価格で見ると、マツダ700cc、750kg積載車GDZA型は34万円、905cc、1000kg積載車CLY型は42.5万円、1400cc、2000kg積載CHTA型は52万円となっており、くろがねの1400cc2トン積みのF2型が62万円、オリエントの1272cc、2トン積みBMM型が63.5万円、三菱の744cc750kg積みRTM型は30万円となっている。車両価格は最低のものと最高のものは倍の価格差であった。

■1950年代後半のマツダ車の動向

　ここで、1950年代の後半を中心に主要メーカーのオート三輪

　もっとも意欲的
に新モデルを投入
して業界をリード
したのがマツダの
東洋工業である。
　1954年（昭和29
年）10月に東洋工業
が55年型として、
オート三輪の全車

3398ccトヨタBX型トラックを改造した三輪トラックの「トクサン」。高知県で特別につく
られたものだが、四国の険しい山道を木材を積んで走るには四輪トラックではむずかしい。そ
こで細い道で走れる三輪車がつくられた。1960年代になっても使用され続けたという。

種をモデルチェンジした。このときに700ccGDZA型、905ccCLY型、1400ccCHTA型を同一
のデザインで統一し、ひと目でマツダ車であることを強く印象づけるスタイルになった。
すべて独立した鋼製キャビンになり、フロントスクリーンだけでなくサイドウインドも曲
面ガラスにして、オート三輪車らしからぬゆったりとしたキャビンになっており、大型車
のみで採用していた2つ目ライト式及びセルモーターを全車種に採用、荷台のアオリが3方
開きもマツダ車が先鞭を付けたものである。
　1956年（昭和31年）8月に強制空冷式にしたエンジンを投入して性能と燃費の向上を果た
した。このエンジンを搭載するCHATB型1400cc2トン積みは、1957年8月にバーハンドル式
から丸ハンドル式に改められHBR型となり、同年11月にはCMTB型も丸ハンドル式のMAR
型となった。サイドウインドには三角窓もとりつけられ、当時のセダンで流行しはじめた
コラムシフト（リモートコントロール式ハンドルチェンジ）方式が採用、ベンチシートにし
て3人乗車になった。
　1959年10月には、MAR型及びHBR型という空冷エンジン搭載のオート三輪は、いずれ
も水冷エンジンに切り替わり、T1100型及びT1500型となった。この水冷エンジンはこの年

1957年のHBR型からマツダ
では丸ハンドル仕様にした。

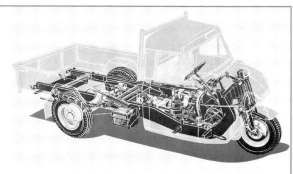

1959年10月にデビューしたT1100型は、それまでの空冷エン
ジンから水冷直列4気筒エンジンに替わった。1139cc46馬力で、
もはやかつてのオート三輪車とは異質な機構のクルマとなった。

1955年モデルからダイハツ車は2つ目ライトになった。このSCE型はスタイルも改良し、26馬力のV型2気筒エンジン(1135cc)には自動進角装置付きとなった。

ダイハツ車は1957年に創立50周年を迎え、これを記念して開発していたRKM型から丸ハンドル車となった。

ダイハツPL型をベースにした三輪トレーラートラック。オート三輪は車両サイズは特別だったので、これでも小型車扱いとなった。

3月に発売されたD1100型及びD1500型という小型四輪トラックに搭載されたエンジンと同じものだった。これらT600、T1100、T1500というマツダのオート三輪シリーズは、スタイルでも性能でも三輪トラックとしては究極のものといえる。

■特装車にも力を入れるダイハツ

　ダイハツでも、オート三輪車の高級化が進められた。それまでのシートに跨ってオートバイと同じようなバーハンドルを操作するものから、四輪車と同じような装備やアクセサリーの充実が図られた。1955年には、ヘッドライトが2灯式のSC型シリーズになり、1956年にはサイドドアが設けられた。同じくその秋には2トン車RKO型が丸ハンドルになり、その後1.5トン車や1トン車も丸ハンドル仕様になった。1958年には荷台と運転席が分離し、キャビンが密閉式になり、前輪が1輪であること以外は、四輪車と同じような装備のトラックとなっている。

　新しい販路を開拓するために、ダンプカー、バキュウムカー、国鉄貨物配達用車などの装備を施したコンテナートラックやトレーラートラックとしてのオート三輪車がつくられた。こうした特殊車両を開発するために、ダイハツでは1957年に特殊車両部を設けた。

　ダイハツのオート三輪車は大きなエンジンのものでは、3速ミッションに補助ミッションが付けられ、6段変速と同じ使い方ができ、これをうまく利用すると燃費もよくなった。また、販売が増えるにつれて、エンジンの排気量や、各種の仕様の違いなどバリエーションが多くなったが、この時代には9種類のオート三輪車のほかに特殊車まであったから、2トン、1トン、4分の3トン車の3つにフレームとエンジンをうまく組み合わせることで、用途に適したクルマをつくれるように配慮している。こうした合理化が図れるのも

トップメーカーの強みであった。

1960年代になって、ダイハツでは四輪小型トラックに対抗するために、新型エンジンを投入している。1490ccの68馬力と1861cc85馬力の水冷直列4気筒エンジンである。これは小型車の車両規定が改定されて、排気量が2000ccまで拡大されたことに対応したものであった。

■東急資本により再生を図るくろがね

経営不振に陥ったくろがねの日本内燃機は、東急系列の資本が導入されて再建が図られた。これにより、1950年代後半にはいくつかの新型を投入している。

1957年型として発表されたシリーズでモデルチェンジが図られた。750kg積み870ccのKE4型、1500kg積み1123ccKP型、2トン積み1361ccKF2型である。まだキャビンは独立していないものの鋼鉄製のキャビンとなり、ライトが2つ目になり、エンジンやフレームも新設された。、ようやく他のメーカーの装備やスタイルに追いついたものの、次々に新モデルを投入していくトップメーカーに追いつくのは容易ではなかった。

1958年には、一気に挽回を図るためと小型四輪トラックとも流用できる水冷の直列4気筒エンジンのKW型を投入する。こうしたエンジンは、すでにオート三輪用としてふさわしいものを超えていた。モデルチェンジに際して、キャビンは独立し、丸ハンドルとなっている。直列4気筒エンジンは1263ccのものと、これをボアアップした1488ccとあり、前者が48馬力、後者が62馬力となっている。そのパワーはオート三輪車のなかでは最大であった。

ダイハツがこの時点でも、オート三輪用エンジンはすべてV型2気筒で、1000cc以上は同じストロークでボアを変えて1135ccと1478ccにして部品の共通化を図っており、マツダでは700ccは単気筒、1000ccと1400ccはともにV型2気筒という3種類のエンジンで、経済的なラインアップにしている。

販売台数の少ないくろがねが、ダイハツと同じ5種類のエンジンを揃えているのは経済的でなかった。このため、1959年には直列4気筒エンジン車のみに車種を絞り、1トン積みのKW型と2トン積みのKY型とした。これにより1958年の生産台数が4770台だったものが、1959年には5173台、1960年には5920台と盛り返している。しかし、経営状態は良くなることはなかった。1959・60年に多くのメーカーが生産台数を減らしているのは軽三輪車や小型四輪などに生産をシフトした結果でもあり、くろがねもその流れに逆らうことはできなかった。

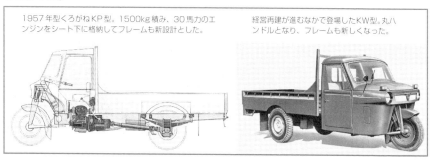

1957年型くろがねKP型。1500kg積み、30馬力のエンジンをシート下に格納してフレームも新設計とした。

経営再建が進むなかで登場したKW型。丸ハンドルとなり、フレームも新しくなった。

■生産中止に追い込まれた三菱みずしま

　くろがねを抜いてオート三輪部門ではナンバースリーとなっていた三菱みずしまは、1950年代の後半には積極的に攻勢に出ている。

　1955年には1.5トンと2トン積みのTM7型とTM8型を相次いで市場に投入、エンジンの排気量を大きくして積載量を増大させた。エンジンは直列2気筒1276cc、強制ファンを使用し、完全強制空冷式オーバーヘッドバルブにした36馬力にして4速ミッションと組み合わせている。動力取り出し装置を付けてダンプカーなどの特殊架装ができるようにしていた。丸ハンドルにしてキャビンは密閉式で、乗員用のシートはクッション付きで暖房用のヒーターがついており、サイドのウインドウも上下にスライドするもので、計器板も豪華にデザインされた。

　シャシー機構も強化され、車両価格はTM8B型で65万円と高い値段になっていたから、販売量もあまり多くなかった。

　三菱のオート三輪車の最終モデルとなったTM15シリーズは1958年に発売された。1トン積みから1.25トン、1.5トン、2トン積みまでの4つのタイプがあり、シリンダーヘッドがアルミ合金となったエンジンは軸流式強制空冷2気筒で、1145cc36馬力と1489cc47馬力。幅の広い曲面安全ガラスの

1958年にデビューした三菱TM15型。これが最終モデルであった。

採用、オールスチール製完全密閉のキャビン、丸ハンドルのオートリターン式方向指示器の装着といった仕様であった。バリエーションを増やしてラインアップを完成させると同時に、製品の系列化による部品の共通化が図られた。しかし、このシリーズが発売される頃には、小型四輪トラックへのユーザーの移行、新規ユーザーの獲得には軽三輪車という図式ができあがりつつあり、オート三輪車の販売をのばすことはできなかった。三菱がオート三輪車の生産を中止したのは1962年(昭和37年)のことである。

■ヂャイアント及びオリエントの動向

　水冷エンジンという特徴を持つ愛知機械工業のヂャイアントは、1956年に三菱みずしまに次いで4位の座を確保した。1952年に丸ハンドル車をラインアップに加えるなど先進性を見せたヂャイアントは、1958年2月には水平対向4気筒エンジンを投入したAA24型が登場、エンジンは58馬力を誇り、「スーパー4」とPRした。特装車に使用されることが多く、このころになると消防自動車はヂャイアントの独壇場になっていた。

　また、トレーラー用としても用いられ、積載スペースを大きく確保することができることから、運送会社でよく使用された。しかし、愛知機械もオート三輪車の販売減少のために「コニー」ブランドの軽三・四輪車中心に活動することになる。

　経営の苦しくなった三井精機は、主要取引銀行が同じことから日野自動車の支援を受けることになり、1950年代の後半になると日野の販売網を利用するようになった。1956年型

オリエントBB型。丸ハンドルとなり室内も三輪車には見えないすっきりとしたもの。

1957年のオリエントDZ3型。これはバーハンドルタイプであるが、エンジンは水冷直列2気筒という珍しいもの。39馬力、2トン積み。

のTR型から丸みを帯びた独特のスタイルとなり、ライトも2つ目になっている。車種も1トン積みと2トン積みの2つに絞っていた。1958年にモデルチェンジされて1トン積みはBB型、2トン積みはAC型となり、独立キャビンとなった。しかし、販売は伸びずに1963年には生産を中止し、精密機械の製造メーカーとして存続することにしたのである。

3. 1957年にオート三輪の販売が小型四輪トラックに逆転される

　1950年代の前半までは、圧倒的にオート三輪車が、小型四輪トラックを販売台数でリードしていた。1955年の段階でも、オート三輪車の生産台数は4.5万台弱であるのに対して四輪小型トラックは9000台ちょっとだった。小型トラック全体でみれば、四輪車は20%程度の割合にすぎない。まして、乗用車の生産台数は小型四輪トラックより少ないのだから、車両の生産台数でいえば、オート三輪大手のダイハツや東洋工業の方がトヨタや日産よりも多かったのである。

　1956年になると、オート三輪車の年間生産台数は49000台と5万台の大台に迫るように

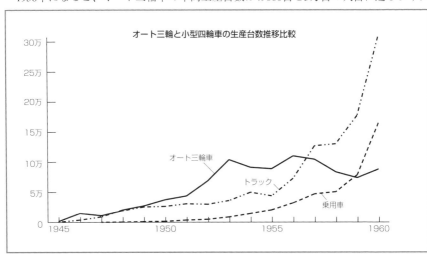

オート三輪と小型四輪車の生産台数推移比較

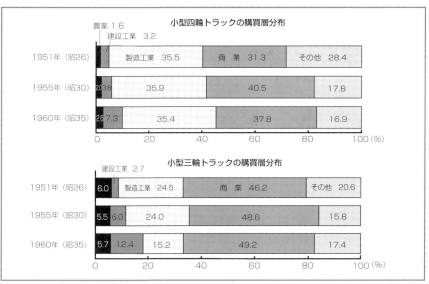

小型四輪トラックの購買層分布

1951年（昭26）
農業 1.6
建設工業 3.2
製造工業 35.5 ｜ 商業 31.3 ｜ その他 28.4

1955年（昭30）
20 3.8 ｜ 35.9 ｜ 40.5 ｜ 17.8

1960年（昭35）
2.6 7.3 ｜ 35.4 ｜ 37.8 ｜ 16.9

0　20　40　60　80　100 (%)

小型三輪トラックの購買層分布

1951年（昭26）
建設工業 2.7
6.0 ｜ 製造工業 24.5 ｜ 商業 46.2 ｜ その他 20.6

1955年（昭30）
5.5 6.0 ｜ 24.0 ｜ 48.6 ｜ 15.8

1960年（昭35）
5.7 12.4 ｜ 15.2 ｜ 49.2 ｜ 17.4

0　20　40　60　80　100 (%)

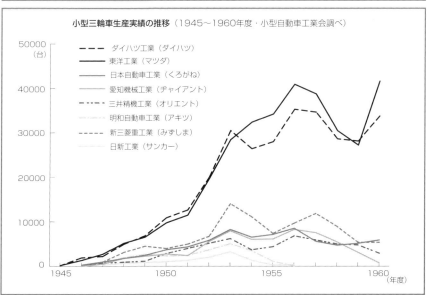

小型三輪車生産実績の推移（1945～1960年度・小型自動車工業会調べ）

- ダイハツ工業（ダイハツ）
- 東洋工業（マツダ）
- 日本自動車工業（くろがね）
- 愛知機械工業（ヂャイアント）
- 三井精機工業（オリエント）
- 明和自動車工業（アキツ）
- 新三菱重工業（みずしま）
- 日新工業（サンカー）

なったが、四輪小型トラックも16000台を越えて77％の伸びを示している。両者の関係が逆転して、小型トラックの生産台数がオート三輪車を上回るのは1957年のことである。この後、オート三輪車はダイハツとマツダが生産を継続するが、固定したユーザーもあり、1970年初めまで生産した。

しかしながら、オート三輪が生産の中心だった時代は1950年代に終わっており、マツダやダイハツは四輪メーカーに転向を図らざるを得なくなった。

1956年(昭和31年)7月にはダイハツのオート三輪車は月間3000台の販売となり、1957年7月には3381台という月間販売台数の新記録をうちたてた。しかし、このときをピークにして下降線をたどっていく。

他のオート三輪メーカーが生産台数を大きく減少させたのに対して、東洋工業は逆に1961年には4万5685台と最高の年間生産台数を記録している。しかし、これも他のメーカーが生産を縮小したからであり、さすがにそれ以降のオート三輪の生産は減少している。

■オート三輪メーカーの四輪部門への進出

1958年からオート三輪車の販売台数が減少傾向を示すが、この時期から軽3輪車が台頭してくることになり、こちらに生産の主体をシフトするメーカーが増え、軽自動車ブームが到来する。1960年代に入ってからは、ダイハツとマツダ以外のオート三輪メーカーは撤退を余儀なくされる。トップメーカー2社は1960年代の終わり近くまで生産を続ける。その間に新しいモデルも送り出してはいるが、ともに四輪車のほうに主力をおくようになっている。

ダイハツもマツダも、軽自動車部門に他のオート三輪メーカーとともに参入するが、この部門はさまざまなメーカーが競合して多様な展開を見せるので、次の章で詳しく見ることにしたい。ここでは、オート三輪メーカーの1950年代後半の小型四輪トラックについてみることにする。

もっとも意欲的だったのがマツダである。戦後最初の小型四輪トラックの開発では失敗したものの、1956年秋から再び四輪トラックの開発計画をスタートさせた。まだオート三輪車が伸びているころで、その利益を注ぎ込んで四輪部門にも進出しようとする意図を持っていた。

これが、1958年4月に発売されたDMA型小型四輪トラックのロンパーである。オート三

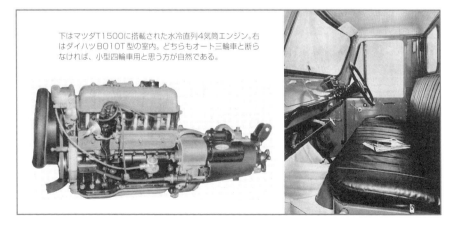

下はマツダT1500に搭載された水冷直列4気筒エンジン。右はダイハツBO10T型の室内。どちらもオート三輪車と断らなければ、小型四輪車用と思う方が自然である。

輪と同じオートクール方式の空冷1105ccエンジンを新開発、32.5馬力エンジンを搭載するセミキャブオーバー型で1トン積み、3人乗りだった。オート三輪車の開発で培った技術を生かし、発売の3ヶ月後には目標の月産500台の水準に達した。しかし、パワー不足など小型四輪トラックのユーザーにはまだもの足りなさのあるものだった。こうした声に応えて、1958年7月に1.75トン積み1400cc42馬力DHA型を発売する。

この一方で、水冷エンジンの開発を進めたのは、オート三輪では空冷エンジンがハン

1950年代の終わりに登場した4気筒エンジン搭載のオート三輪車の代表例

マツダT1500（1959年）
全長4380mm、全幅1685mm、全高１９２０mm、ホイールベース2965mm、トレッド1455mm、荷箱：長２３８０mm、幅１５６５mm、高370mm、積載量2000kg、乗車定員3名、車両重量１４８０kg、最高速94km/h、最小回転半径4.6m、エンジン：ＵＡ型水冷直列４気筒OHV1484cc、ボア・ストローク75×84mm、圧縮比7.6、最高出力６０ｐｓ／4600rpm、最大トルク10.4kgm/3000rpm、変速機：前進4段後退1段、タイヤサイズ（前）6.50-16-8P（後）7.50-16-12P

ダイハツBO10T型（1962年）
全長５１５５mm、全幅1825mm、全高1890mm、ホイールベース3240mm、最大積載量2000kg、車両重量1635kg、乗車定員3名、最高速90km/h、最小回転半径4.28m、エンジン：水冷4サイクル4気筒直列1490cc、最高出力68ps/4800rpm、最大トルク11.5kgm/3600rpm、変速機：前進4段後退1段、タイヤサイズ（前）7.00-16-8P（後）7.50-16-14P

くろがねKW-2（1958年）
全長4030mm、全幅1730mm、全高1840mm、ホイールベース2580mm、積載量1000kg、車両重量1190kg、乗車定員2名、最高速90km/h、エンジン：水冷4サイクル4気筒1135cc、最高出力48ps、変速機：前進4段後退1段、タイヤサイズ（前）5.50-16-6P（後）6.50-16-8P

マツダロンパーは1958年にデビュー。オート三輪車にも搭載した直列4気筒エンジンを使用し、さらにD1500(下)も発売している。

くろがねは1958年に四輪トラック部門に参入。キャブオーバータイプのNシリーズとボンネットタイプのノーバを発売した。上はNB型トラック。

マツダD1500 標準車
全長4690mm、全幅1690mm、全高1940mm、ホイールベース2800mm、トレッド(前)1398mm(後)1400mm、荷箱:長2820〔2865〕mm、幅1565〔1570〕mm、深さ420(370)mm、最大積載量2000kg、車両重量1530〔1620〕kg、最高速95km/h、最小回転半径5.5m、エンジン:水冷直列4シリンダーOHV UA型1484cc、ボア・ストローク75×84mm、圧縮比7.6、最高出力60ps/4600rpm、最大トルク10.4kgm/3000rpm、変速機:前4段後退1段、タイヤサイズ(前)6.00-16-6P(後)7.50-16-10P　※〔 〕内三方開車

ディキャップとはみられなかったが、四輪になるとエンジンの騒音が気になるものだったからだ。オート三輪車では使い勝手が優先されるが、四輪用となるとエンジンの洗練度も重要になり、性能向上の要求に応えるためであった。この新開発水冷4気筒OHV1139cc46馬力エンジンを搭載した1トン積みD1100型を登場させ、さらに1484cc60馬力にした2トン積みD1500型に発展した。

　オート三輪メーカーとして、常に新しい技術を導入し、技術発展を期して業界をリードしたマツダの開発力の蓄積が小型四輪トラックへの参入でも生かされたのだ。この後、軽自動車でも数多くの車種を開発、オート三輪車メーカーからの脱皮を図っていくことになる。

　ダイハツは1958年に小型四輪トラックのベスタを発売して四輪部門への進出を図る。エンジンは水冷4ストロークOHV型1478cc53馬力で、2トン積みのキャブオーバータイプである。オーバーロードに備えてか、梯子型のサイドフレームは6mm鋼板を使用、リアはダブルタイヤにしている。リアアクスルも全浮動式で、小型四輪トラックでは初めてのものであった。エンジンはアンダーシート配置で、シートをはずして整備できるようになっている。

　くろがねの日本内燃機は、1950年代の中盤ころからオート三輪車に変わるシンプルな小型四輪トラックの開発企画を持っていたようだ。しかし、実際にはオート三輪車の開発と生産体制を確立することで精一杯で、なかなかその余裕を持つことができなかっ

ダイハツもキャブオーバータイプの四輪トラック「ベスタ」をマツダロンパーと同時期に発売した。

ダイハツ　ベスタ
全長4690mm、全幅1690mm、全高1980mm、ホイールベース2600mm、トレッド（前）1360mm（後）1260mm、荷箱：長3065mm、幅1560mm、高350mm、最大積載量2000kg、最低地上高200mm、最小回転半5.2m、エンジン：水冷90度2気筒OHV1478cc、ボア・ストローク97×100mm、圧縮比6.9、最高出力53ps/3600rpm、最大トルク11kgm/2800rpm、変速機：前6段後退2段、タイヤサイズ6.00-16-6P

た。実際に小型トラックNA型が完成するのは1957年終わり近くで、東急資本が入ってからとなった。

　経営が行き詰まったオオタ自動車を吸収合併して「日本自動車工業」という社名に変更されていた。オオタのエンジニアは富士重工業などに移動したが、残った技術者たちがくろがね四輪トラックの開発に携わった。エンジンも同様にオオタ号の小型四輪用に開発されたものをアレンジして使用している。実際に市販したのは2トン積みのNB、1.25トン積みのNC型、そしてもう一台2トン積みのノーバ1500だった。同じスタイルのNB・NC型がキャブオーバータイプで、後者がボンネットタイプである。エンジンはオート三輪車にも使用された直列4気筒であった。

　しかし、車両開発とその生産には莫大な投資が必要で、そうしたリスクを負うことに親会社が踏み切れなかったこともあって、同社の活動は竜頭蛇尾に終わった。

トヨペットライトトラック・トヨエース

1954年にトヨペットSKB型としてデビューしたトヨエースは、1958年にモデルチェンジされ、トヨタのベストカーの仲間入りをして確固とした地位を築いた。1950年代後半にはこれよりひとまわり大きいR型エンジンを搭載するキャブオーバータイプとボンネットタイプがあり、それぞれ1959年になって、前者がダイナ、後者がスタウトという名称になった。

トヨペットSKB型（1954年）
全長4287mm、全幅1675mm、全高1850mm、ホイールベース2500mm、トレッド（前）1325mm（後）1350mm、荷台：長2495mm、幅1515mm、高405mm、最大積載量1000kg、車両総重量2310kg、最低地上高190mm、最高速70km/h、最小回転半径5.43m、エンジン：水冷直列4気筒SV995cc、ボア・ストローク65×75mm、圧縮比6.7、最高出力30ps/4000rpm、最大トルク6.2kgm/2600rpm、変速機：前進4段後退1段、タイヤサイズ（前）6.00-16-6P（後）6.50-16-6P

トヨエースSK20型（1958年）
全長4260〔4285〕mm、全幅1690mm、全高1895mm、ホイールベース2500mm、トレッド（前）1325mm（後）1350mm、荷台：長2610mm、幅1585mm、高415〔380〕mm、最大積載量1000kg、車両総重量2330〔2385〕kg、最低地上高190mm、最高速78km/h、最小回転半径5.43m、エンジン：直列4気筒SV995cc、ボア・ストローク65×75mm、圧縮比7.0、最高出力33ps/4500rpm、最大トルク6.5kgm/2800rpm、変速機：前進4段後退1段、タイヤサイズ（前）6.00-15-6P（後）6.00-15-8P
※〔 〕内はSK20-B型高床荷台車

トヨペットダイナ/ スタウト

トヨペット ダイナ RK85 型（1957 年）

全長4665mm、全幅1695mm、全高1980mm、ホイールベース2800mm、トレッド（前）1390mm（後）1350mm、荷台：長2880mm、幅1575mm、高470mm、最大積載量2000kg、車両総重量3645kg、最低地上高210mm、最高速105km/h、最小回転半径5.9m、エンジン：直列4気筒OHV1453cc、ボア・ストローク77×78mm、圧縮比7.5、最高出力60ps/4500rpm、最大トルク11kgm/3000rpm、変速機：前進4段後退1段、タイヤサイズ（前）7.00-15-6P（後）7.50-15-10P

トヨペット スタウト RK30 型（1957 年）

全長4285〔4675〕mm、全幅1685mm、全高1700mm、ホイールベース2515〔2740〕mm、トレッド（前）1325mm（後）1350mm、荷台：長1885〔2290〕mm、幅1585mm、高415mm、最大積載量1500〔1750〕kg、車両総重量3010〔3295〕kg、最高速97〔100〕km/h、最小回転半径5.48〔6.0〕m、エンジン：直列4気筒OHV1453cc、ボア・ストローク77×78mm、圧縮比7.5、最高出力58ps/4400rpm、最大トルク11kgm/2800rpm、変速機：前進4段後退1段、タイヤサイズ（前）7.00-15-6P（後）7.00-15-10P〔7.50-15-10P〕
※〔 〕内はRK35型長尺荷台車

ダットサントラック・ニッサンジュニア

ダットサンセダンをベースにしたダットサントラックでは、他メーカーをリードしたもののトラック本来の小型部門ではトヨタに大きく出遅れた。そのうえ、トラックに搭載するエンジンは乗用車のお下がりとなったので、性能的に水準に達していなかった。トラックの開発に関しては、乗用車ほど真剣にスタートが切られたとはいえないのが日産である。

ダットサン120型トラック (1955年)
全長3742mm、ホイールベース2220mm、積載量750kg、車両重量865kg、エンジン：D-10型860cc、ボア・ストローク60×76mm、最高出力25ps、変速機：前進4段後退1段

ダットサントラック223型（1958年）
全長3780〔4080〕mm、全幅1466mm、全高1640〔1620〕mm、ホイールベース2220〔2520〕mm、トレッド（前）1170mm（後）1187mm、荷台（内寸）：長1550〔1850〕mm、幅1364mm、高398mm、最大積載量850〔1000〕kg、車両総重量1865〔2035〕kg、最低地上高207mm、最高速105km/h、最小回転半径4.7〔5.2〕m、エンジン：E1型水冷4サイクル直列4気筒OHV1189cc、ボア・ストローク73×71mm、圧縮比8.2、最高出力55ps/4800rpm、最大トルク8.8kgm/3600rpm、変速機：前進4段後退1段、タイヤサイズ（前）5.50-15-6P（後）5.50-15-8P
※〔 〕内は1トン積みG223型

ニッサンジュニアB40型（1956年）
全長4290mm、全幅1675mm、全高1820mm、ホイールベース2620mm、荷台：長2450mm、幅1560mm、高450mm、最大積載量1750kg、車両重量1475kg、最高速90km/h、最小回転半径5.7m、エンジン：水冷直列4気筒OHV1489cc、ボア・ストローク73×89mm、最高出力50ps/4400rpm、変速機：前進4段後退1段、タイヤサイズ（前）7.00-16-6P（後）7.00-16-12P

102

ニッサンキャブオール・ダットサンキャブライト

ニッサンキャブオールC40型（1957年）
全長4555mm、全幅1675mm、全高1990mm、
ホイールベース2400mm、トレッド（前）1390mm
（後）1410mm、荷台：長3095mm、幅1560mm、
高450mm、最大積載量2000kg、車両総重量
3670kg、最低地上高190mm、最高速103km/h、
最小回転半径5.3m、エンジン：水冷直列4気筒
OHV1488cc、ボア・ストローク80×74mm、圧
縮比8.0、最高出力57ps/5000rpm、最大トルク
11.5kgm/3200rpm、変速機：前進4段後退1段、
タイヤサイズ（前）7.00-15-8P（後）7.00-15-10P

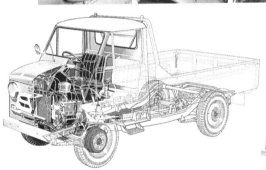

ダットサンキャブライトA20型（1958年）
全長3720mm、全幅1603mm、全高1800mm、ホイールベース2220mm、トレッド（前）1294mm（後）1304mm、
荷台：長2020mm、幅1491mm、高410mm、最大積載量850kg、車両総重量1810kg、最低地上高175mm、最高
速75km/h、最小回転半径5m、エンジン：水冷直列4気筒SV860cc、ボア・ストローク60×76mm、圧縮比6.7、最
高出力27ps/4200rpm、最大トルク5.3kgm/2400rpm、変速機：前進4段後退1段、タイヤサイズ5.50-15-6P

プリンスAKTG・クリッパー・マイラー

プリンスの大きな特徴は、最初に開発した1500ccOHVエンジンを乗用車からトラックまで積んだことだ。それまでは型式名で呼ばれていたが、キャブオーバートラックはクリッパーに、ボンネットタイプはマイラーという名前が付けられたのは1957年のことである。

プリンス AKTG（1955年）
全長4290mm、ホイールベース2240mm、荷台：長2770mm、幅1550mm、最大積載量1750kg、最高速85km/h、最小回転半径5.15m、エンジン：4気筒OHV1484cc、ボア・ストローク75×84mm、最高出力52ps/4200rpm

プリンス・クリッパー（1958年）
全長4690mm、全幅1695mm、全高1975mm、ホイールベース2345mm、荷台：長3180mm、幅1570mm、最大積載量2000kg、車両重量1630kg、乗車定員3名、最高速105km/h、エンジン：水冷4サイクル4気筒OHV1484cc、最高出力60ps、変速機：前進4段後退1段、タイヤサイズ（前）7.00-16-6P（後）7.00-16-10P

プリンスマイラー（1957年）
全長４６８０ｍｍ、全幅1695mm、全高1775mm、ホイールベース2800mm、最大積載量1750kg、エンジン：4サイクル4気筒OHV1484cc、最高出力60ps/4400rpm、最大トルク10.75kgm、変速機：前進4段後退1段、タイヤサイズ（前）7.00-16-6P（後）7.00-16-12P

オオタFU-X・KE・VN型

1955年に経営が悪化した太田自動車は、その後も活動を続けて小型トラックも発表している。新しいエンジンを開発して搭載したものの、他のメーカーが性能的に優れたものを出してくると、影の薄い存在にならざるを得なかった。

オオタFU-X型トラック（1956年）
全長4280mm、全幅1670mm、全高1950mm、ホイールベース2440mm、最大積載量1500kg、車重1396kg、最高速74km/h、エンジン：OHV1263cc、ボア・ストローク70×82mm、圧縮比7.3、最高出力48ps/4500rpm、変速機：前進4段後退1段、タイヤサイズ：7.00-16

オオタKE型（1957年）
全長4293mm、全幅1670mm、全高1735mm、ホイールベース2580mm、トレッド（前）1350mm（後）1360mm、荷台：長2058mm、幅1560mm、高450mm、最大積載量1500kg、車重1390kg、最高速90km/h、最小回転半径5.36m、エンジン：OHV1263cc、ボア・ストローク70×82mm、圧縮比7.3、最高出力48ps/4500rpm、最大トルク9.0kgm/2600rpm、変速機：前進4段後退1段、タイヤサイズ（前）7.00-15-6P（後）7.00-15-10P

オオタVN型（1957年）
全長3940mm、全幅1520mm、全高1575mm、ホイールベース2300mm、トレッド（前）1160mm（後）1150mm、荷台：長1600mm、幅1305mm、高430mm、最大積載量750kg、車両総重量1780kg、最低地上高180mm、最高速80km/h、エンジン：SV903cc、ボア・ストローク61.5×76mm、圧縮比6.5、最高出力26ps/4000rpm、最大トルク5.2kgm/2200rpm、変速機：前進3段後退1段、タイヤサイズ：5.50-15-6P

マツダ ロンパー・D1100トラック

もともと四輪自動車への志向を持っていたマツダは、1950年代後半になると積極的に小型トラック部門に参入した。しかし、最初のうちはオート三輪車と共用する部品の多いトラックだった。というより、トヨエースなどの攻勢に対抗してオート三輪車が性能や装備で四輪に近づいたことで、車輪の数の違いほど中身が違っていないもので、本格的な小型トラックの開発は1960年以降のことになる。

マツダ ロンパー（1958年）
全長4290mm、全幅1680mm、全高1920mm、ホイールベース2500mm、トレッド（前）1398mm（後）1390mm、荷台：長2545mm、幅1565mm、高370mm、最大積載量1750kg、最小回転半径4.9m、エンジン：空冷2気筒76°V型1400cc、最高出力42ps、最大トルク7.8kgm/2500rpm、変速機：前進4段後退1段

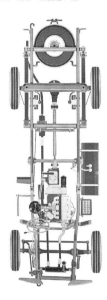

マツダD1100トラック（1959年）
全長4290mm、全幅1690mm、全高1910mm、ホイールベース2500mm、トレッド（前）1398mm（後）1390mm、荷台：長2420mm、幅1565mm、深さ420mm、最大積載量1000kg、車両重量1375kg、最高速87km/h、最小回転半径4.9m、エンジン：水冷直列4シリンダーOHV TA型1139cc、ボア・ストローク70×74mm、圧縮比7.8、最高出力46ps/4600rpm、最大トルク8kgm/3000rpm、変速機：前進4段後退1段、タイヤサイズ（前）6.00-16-6P（後）6.00-16-8P

くろがねNA・NB・NC・ノーバ

オオタ自動車を吸収合併し、東急資本が入った当初、タクシー業界から乗り込んだ社長は、トヨタや日産に負けない自動車メーカーを目指すと意気込んだ。そんな背景があって、四輪開発に経験のあるオオタ自動車からの人たちが活躍して小型四輪トラックを市場に送り込んだ。しかし、優秀な技術者が去り、あてにしていた東急も思うほど資本投入せずに尻切れトンボに終わった。

くろがねNA型（1957年）

全長4130mm、全幅1675mm、全高1960mm、ホイールベース2350mm、トレッド（前）1315mm（後）1400mm、荷箱：長2500mm、幅1520mm、高420mm、最高速80km/h、エンジン：強制空冷SV995cc、ボア・ストローク80×99mm、圧縮比5.3、最高出力30ps/3500rpm、最大トルク7.0kgm/2600rpm、変速機：前進4段後退1段、タイヤサイズ（前）6.00-16-6P（後）6.00-16-8P

くろがねスーパーマイティNB（1958年）

ホイールベース2700mm、荷台：長3030mm、幅1580mm、車重1620kg、最大積載量2000kg、最高速95km/h、最小回転半径5.6m、エンジン：4気筒OHV1488cc、ボア・ストローク76×82mm、圧縮比7.8、最高出力62ps、最大トルク11.4kgm/2600rpm、変速機：前進4段後退1段、タイヤサイズ：7.00-15

くろがねNC型ニューマイティ（1959年）

全長4100mm、ホイールベース2350mm、荷台：長2455mm、幅1580mm、最大積載量1250kg、最高速85km/h、最小回転半径5.2m、エンジン：水冷4気筒OHV1046cc、ボア・ストローク70×68mm、圧縮比8.0、最高出力42ps/4700rpm、最大トルク8.0kgm/2400rpm、変速機：前進4段後退1段、タイヤサイズ：6.50-15-8P

くろがねノーバKN型（1960年）

全長4690mm、全幅1690mm、全高1765mm、ホイールベース2850mm、最大積載量2000kg、最高速95km/h、エンジン：4サイクル4気筒1488cc、最高出力62ps/4700rpm、変速機：前進4段後退1段、タイヤサイズ（前）7.00-16-6P（後）7.50-16-12P

マツダGDZA67・CHTA・CHATB型

1950年代後半になって、マツダは次々とニューモデルを出した。それらがすべて充実した内容になっていて、しかもスタイルだけでなく仕上げも良かったために、他のメーカーがその水準に追いつくのが容易ではなかった。そして、行きつくところまで行った感じで直列4気筒エンジン搭載の最高級車まで登場させた。

マツダ GDZA67型 (1955年)

全長3810mm、全幅1590mm、全高1815mm、積載量750kg、ホイールベース2400mm、エンジン：GD型直結式OHV700cc、ボア・ストローク90×110mm、最高出力17ps/3300rpm、最大トルク4.3kgm/2500rpm、変速機：前進4段後退1段、タイヤサイズ6.00-16-6P

マツダ CHTA型 (1956年)

〈CHTAS132〉全長5920mm、全幅1834mm、全高1880mm、ホイールベース3750mm、荷箱：長4085mm、幅1700mm、深350mm、最大積載量2000kg、エンジン：空冷60°V型2気筒OHV1400cc、ボア・ストローク90×110mm、圧縮比5.7、最高出力38.4ps/3500rpm、最大トルク9.1kgm/2000rpm、変速機：前4段後退1段、タイヤサイズ（前）6.50-16-6P（後）7.50-16-12P

マツダ CHATBN型 (1957年)

全長4225mm、全幅1804mm、全高1905mm、ホイールベース2825mm、トレッド1455mm、荷箱：長2385mm、幅1700mm、高370mm、積載量2000kg、エンジン：強制空冷1400cc、ボア・ストローク90×110mm、最高出力42ps、変速機：前進4段後退1段、タイヤサイズ（前）6.50-16-6P（後）7.50-16-12P

マツダMBR・HBR・T1100型

マツダ MBR81型（1958年）
全長4360mm、全幅1685mm、全高
1890mm、ホイールベース2830mm、トレッ
ド1455mm、荷箱：長2380mm、幅
1565mm、高370mm、積載量1000kg、乗
車定員3名、車両重量1260kg、エンジン：強
制空冷76°V型2気筒OHV1005cc、ボア・
ストローク80×100mm、圧縮比6.0、最高
出力31.5ps/3700rpm、最大トルク6.5kgm/
2800rpm、変速機：前進4段後退1段、タイ
ヤサイズ（前）6.00-16-6P（後）6.50-16-8P

マツダ HBR82型（1957年）
全長4363mm、全幅1685mm、全高1953mm、
ホイールベース2957mm、トレッド1455mm、
荷箱：長2382mm、幅1564mm、高370mm、
積載量2000kg、乗車定員3名、車両重量
1437kg、エンジン：強制空冷76°V型2気筒
OHV1400cc、ボア・ストローク90×110mm、
圧縮比5.7、最高出力42ps/3500rpm、最大ト
ルク9.7kgm/2600rpm、変速機：前進4段後退
1段、タイヤサイズ（前）6.50-16-8P（後）7.50-
16-12P

マツダT1100 85型（1959年）
全長4360mm、全幅1685mm、全高1920mm、ホイールベース
2830mm、トレッド1455mm、荷箱：長2380mm、幅1565mm、高
370mm、積載量1500kg、乗車定員3名、車両重量1330kg、最高速
85km/h、エンジン：TA型水冷直列4気筒
OHV1139cc、ボア・ストローク70×74mm、圧縮比7.8、最高出力
46ps/4600rpm、最大トルク8.0kgm/3000rpm、変速機：前進4段後
退1段、タイヤサイズ（前）6.00-16-8P（後）7.00-16-12P

ダイハツSCA・SCE・SCO・SDF型

マツダと並ぶトップメーカーのダイハツは1962年にも新型モデルを投入している。直列4気筒1.5リッターエンジンを搭載するもので、かつてのオート三輪車のイメージとは異なり、四輪トラックに乗り換えるのに抵抗のある人や狭い道路で使用するなどの用途に応えるものになっている。マツダと二社だけになった結果、ある程度の発売台数は1960年代に入っても確保している。

ダイハツ SCA 型（1955 年）
全長3530mm、全幅1540mm、全高1785mm、ホイールベース2220mm、トレッド1360mm、荷箱：長1900mm、幅1400mm、最大積載量750kg、最低地上高185mm、最小回転半径3.5m、エンジン：空冷単気筒SV750cc、ボア・ストローク95×105mm、圧縮比4.8、最高出力17ps、変速機：前進3段後退1段、タイヤサイズ（前）5.00-16-4P（後）6.00-16-6P

ダイハツ SCE-8 型（1955 年）
全長4215mm、全幅1560mm、全高1850mm、ホイールベース2570mm、積載量1000kg、エンジン：90°V型2気筒SV1135cc、ボア・ストローク85×110mm、最高出力26ps、6段変速

ダイハツ SCO8 型（1956 年）
全長4460〔5140〕mm、全幅1660mm、全高1910mm、ホイールベース2950〔3295〕mm、荷箱長2500〔3180〕mm、積載量2000kg、エンジン：水冷90°V型2気筒OHV1480cc、ボア・ストローク97×100mm、圧縮比6.3、最高出力45ps、変速機：前進6段後退2段、タイヤサイズ（前）6.00-16-8P（後）7.50-16-12P　※〔 〕内はSCO10型

ダイハツ SDF8 型（1956 年）
全長4360mm、全幅1565mm、全高1860mm、ホイールベース2760mm、トレッド1360mm、荷台：長2500mm、幅1450mm、高375mm、積載量1000kg、最低地上高185mm、最小回転半径4.4m、エンジン：90°V型2気筒OHV1005cc、ボア・ストローク80×100mm、圧縮比6.3、最高出力30ps/4000rpm、変速機：前進4段後退1段、タイヤサイズ（前）5.50-16-6P（後）6.50-16-8P

ダイハツRKO・RKM・UO・PL型

ダイハツRK08型（1956年）
全長4455mm、全幅1670mm、全高1830mm、ホイールベース2945mm、トレッド1450mm、荷台：長2500mm、幅1490mm、高375mm、積載量2000kg、最低地上高225mm、車両重量1410kg、乗車定員2名、最高速75km/h、最小回転半径4.5m、エンジン：V型2気筒OHV1478cc、ボア・ストローク97×100mm、圧縮比6.3、最高出力45ps/3600rpm、最大トルク10.0kgm/2000rpm、変速機：前進4段後退1段

ダイハツRKM10型（1957年）
全長5125mm、全幅1620mm、全高1835mm、ホイールベース3210mm、トレッド1360mm、荷台：長3180mm、幅1450mm、高375mm、積載量1500kg、車両重量1240kg、乗車定員2名、最高速70km/h、エンジン：水冷90°V型2気筒OHV1135cc、ボア・ストローク85×100mm、圧縮比6.3、最高出力35ps/3700rpm、最大トルク7.4kgm/2800rpm、変速機：前進4段後退1段、タイヤサイズ（前）6.00-16-6P（後）7.00-16-10P

ダイハツUO10T型（1960年）
全長5335mm、全幅1825mm、全高1805mm、ホイールベース3400mm、トレッド1360mm、荷台：長2500mm、幅1615mm、高355mm、積載量2000kg、車両重量1580kg、乗車定員3名、最高速75km/h、最小回転半径5.2m、エンジン：水冷90°V型2気筒OHV1478cc、最高出力45ps/3600rpm、変速機：前進6段後退1段、タイヤサイズ（前）6.50-16-9P（後）7.50-16-12P

ダイハツPL7型（1960年）
全長4030mm、全幅1710mm、全高1790mm、ホイールベース2630mm、最大積載量1000kg、車両重量1025kg、乗車定員2名、最高速70km/h、最小回転半径4.05m、エンジン：4サイクル2気筒751cc、最高出力25ps/3800rpm、変速機：前進4段後退1段、タイヤサイズ（前）5.50-16-6P（後）6.50-16-8P

くろがねKF・KD3型

1957年から小型四輪車もつくるように
なったが、大排気量のオート三輪の新型
も登場させている。KP型から丸ハンドル
車となった。1958年モデルのKR型と
KS型さらにはKY型は直列4気筒エンジ
ンを搭載しているが、これはオオタKE型
エンジンを改良したものである。

くろがねKF型（1955年）

全長4900mm、全幅1780mm、全高1980mm、
ホイールベース3150mm、トレッド1460mm、
荷箱：長3035mm、幅1640mm、深360mm、
積載量2000kg、車両重量1480kg、最高速
65km/h、最小回転半径4.8m、エンジン：90°V
型2気筒OHV1400cc、ボア・ストローク90×
110mm、圧縮比5.8、最高出力40ps/
3500rpm、最大トルク10.7kgm/1700rpm、変
速機：前進4段後退1段

くろがねKD3型（1955年）

全長3695mm、全幅1540mm、全高1880mm、ホイール
ベース2320mm、トレッド1340mm、荷台：長2000mm、
幅1360mm、高360mm、最大積載量1000kg、車両重量
952kg、乗車定員2名、最低地上高170mm、最高速65km/
h、最小回転半径3.0m、エンジン：90°V型2気筒OHV995cc、
ボア・ストローク80×99mm、圧縮比4.8、最高出力26ps/
3500rpm、最大トルク5.8kgm/2200rpm、タイヤサイズ
（前）5.50-16-6P（後）6.00-16-8P

くろがねKP・KR・KY型

くろがねKP型（1957年）

全長4190mm、全幅1720mm、全高1940mm、ホイールベース2630mm、トレッド1420mm、荷台：長2500mm、幅1580mm、高360mm、積載量1500kg、車両総重量2750kg、乗車定員2名、最低地上高220mm、最高速65km/h、最小回転半径3.5m、エンジン：強制空冷90°V型2気筒SV1123cc、ボア・ストローク85×99mm、圧縮比5.1、最高出力30ps、最大トルク7.6kgm/2000rpm、変速機：前進4段後退1段、

くろがねKR型ロングボディ（1958年）

全長4950mm、全幅1740mm、全高1870mm、ホイールベース3120mm、トレッド1440mm、荷台：長3140mm、幅1580mm、高360mm、最大積載量2000kg、最高速78km/h、最小回転半径4m、エンジン：空冷V型2気筒OHV1361cc、ボア・ストローク95×96mm、圧縮比6.0、最高出力49ps/4000rpm、最大トルク10.5kgm/2500rpm、変速機：前進4段後退1段、タイヤサイズ（前）6.00-16-8P（後）7.50-16-12P

くろがねKY型（1959年）

全長7075mm、全幅1740mm、全高1870mm、ホイールベース3135mm、最大積載量2000kg、車両重量1504kg、乗車定員2名、最高速90km/h、エンジン：水冷4サイクル直列4気筒OHV1488cc、圧縮比、最高出力62ps/4700rpm、変速機：前進4段後退1段、タイヤサイズ（前）6.00-16-8P（後）7.50-16-12P

三菱TM7A・TM12F型

1トン積みが主力だった三菱も、1950年代後半には直列2気筒エンジンを投入して、1.5～2トン積みまで揃えた。マツダやダイハツに負けずに装備を充実させたぶん、車両価格も高くなり、販売は伸びなかった。1958年に登場したTM15型が三菱の最終モデルである。

三菱TM12F型（1956年式）
全長3940〔4290〕mm、全幅1550mm、全高1820mm、ホイールベース2550〔2700〕mm、トレッド1360mm、荷台：長2150mm、幅1420mm、高380mm、最大積載量1000〔1250〕kg、エンジン：強制空冷単気筒OHV851cc、ボア・ストローク95×120mm、圧縮比5.8、最高出力27ps/3600rpm、最大トルク6kgm/2500rpm、タイヤサイズ（前）5.50-16-6P（後）6.50-16-8P
※〔 〕内は14G型

三菱TM7A型（1957年式）
全長4500mm、全幅1680mm、全高1860mm、ホイールベース3000mm、トレッド1460mm、荷箱：長2500mm、幅1500mm、高430mm、最大積載量1500g、車両総重量2845kg、最低地上高220mm、最小回転半径3.9m、エンジン：強制空冷直列2気筒OHV1276cc、ボア・ストローク95×90mm、最高出力36ps/3600rpm、タイヤサイズ（前）6.50-6Pチューブレス（後）7.00-16-10P

三菱TM8B・TM15F・18B型

三菱TM8B型
（1957年）
全長5100mm、全幅1680mm、全高1860mm、ホイールベース3300mm、最大積載量2000kg、車両重量1310kg、最高速76km/h、エンジン：強制空冷直列2気筒OHV1276cc、最高出力36ps、タイヤサイズ（前）6.50-16-6P（後）7.50-16-12P

三菱TM15F型（1958年）
全長4130mm、全幅1640mm、全高1780mm、ホイールベース2765mm、最大積載量1000kg、車両重量980kg、最高速78km/h、エンジン：強制空冷直列2気筒OHV1145cc、最高出力36ps、タイヤサイズ（前）5.50-16-6P（後）6.50-16-6P

三菱TM18B型（1958年）
全長5110mm、全幅1690mm、全高1810mm、ホイールベース3350mm、最大積載量2000kg、車両重量1230kg、最高速80km/h、エンジン：強制空冷直列2気筒OHV1489cc、最高出力47ps、タイヤサイズ（前）6.50-16-6P（後）7.50-16-12P

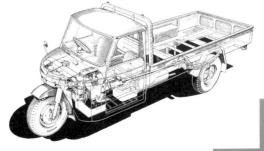

ヂャイアントAA-13・14HS・15F型

水冷4気筒エンジンを最も早く出したことでも分かるように、水平対向エンジンが1.5リッターと、1957年の段階では最もパワフルだった。しかしマツダやダイハツが高性能車を出してくると、そのユニークさも少しずつ失われた。そのため主力を軽三・四輪にシフトした。

ヂャイアントAA-13型（1955年）
全長3800mm、全幅1600mm、全高1850mm、ホイールベース2485mm、トレッド1410mm、荷箱：長2095mm、幅1400mm、高370mm、積載量1000kg、車両重量939kg、最高速70km/h、最小回転半径3.8m、エンジン：AE-16型水冷直立2気筒OHV855cc、ボア・ストローク80×85mm、圧縮比6.4、最高出力28ps/4200rpm、変速機：前4段後退1段

ヂャイアントAA-14HS型（1956年）
全長5175mm、全幅1830mm、全高1830mm、ホイールベース3235mm、車両重量1580kg、積載量2000kg、乗車定員3名、最高速65km/h、エンジン：水冷水平対向4サイクル2気筒OHV1145cc、最高出力46ps/4000rpm、変速機：前進4段後退1段、タイヤサイズ（前）6.50-16-8P（後）7.50-16-14P

ヂャイアントAA-15FA型（1956年）
全長3970mm、全幅1620mm、全高1710mm、ホイールベース2530mm、トレッド1300mm、荷箱：長2130mm、幅1500mm、高370mm、積載量750kg、最低地上高200mm、乗車定員2名、最高速66km/h、エンジン：水冷水平対向600cc、ボア・ストローク75×68mm、圧縮比7、最高出力26ps/4800rpm、変速機：前進4段後退1段、タイヤサイズ（前）5.50-16-6P（後）6.00-16-6P

チャイアントAA-24・26F・11T＋AT1型

チャイアント・AA-24RHS型（1958年）
全長6085mm、全幅1830mm、全高1830mm、ホイールベース3750mm、トレッド1480mm、荷箱：長4080mm、幅1700mm、高350mm、積載量2000kg、最低地上高200mm、乗車員2名、最高速66km/h、エンジン：水冷水平対向4気筒OHV1488cc、ボア・ストローク80×74mm、圧縮比7、最高出力58ps/4500rpm、タイヤサイズ（前）6.50-16-8P（後）7.50-16-14P

チャイアントAA-26F型（1958年）
全長4000mm、全幅1755mm、全高1820mm、ホイールベース2565mm、積載量1000kg、車両重量1090kg、乗車定員3名、最高速76km/h、エンジン：水冷水平対向4サイクル2気筒OHV905cc、最高出力36ps、変速機：前進4段後退1段、タイヤサイズ（前）5.50-16-6P（後）6.50-16-8P

チャイアントAA-11T＋AT1型（1956年）
全長6888mm、全幅1913mm、全高1730mm、ホイールベース（親）2525mm（子）3115mm、車両重量（親）1155kg（子）601kg、乗車定員2名、最高速42.4km/h、最小回転半径4.0m、エンジン：水冷水平対向4サイクル2気筒OHV1145cc、最高出力46ps、変速機：前進4段後退1段、タイヤサイズ：親（前）6.50-16-10P（後）6.50-10-10P、子6.50-16-10P

オリエントSG-1・TR-1型

1958年のBB型（1トン積み）から丸ハンドルとなった。その前の1956年のTR型から工業デザイナーの柳宗理に依頼して三輪らしからぬ美しいスタイルとなった。しかし、それで起死回生するというわけにはいかず、苦しい経営が続いた。

オリエントSG-1型（1955年）

全長3830mm、全幅1640mm、全高1960mm、ホイールベース2440mm、トレッド1400mm、荷台：長2100mm、幅1480mm、高400mm、標準積載量1000kg、車両重量1118kg、最低地上高190mm、最高速68km/h、最小回転半径3.4m、エンジン：水冷直列2気筒SV905cc、ボア・ストローク80×90mm、最高出力24.5ps/3600rpm、最大トルク5.7kgm/2200rpm、変速機：前進4段後退1段

オリエントTR-1型（ロングボディ・1956年）

全長3840mm、全幅1670mm、全高1900mm、ホイールベース2430mm、最大積載量1000kg、車両重量1150kg、乗車定員2名、最高速70km/h、エンジン：強制水冷4サイクル直立2気筒SV905cc、最高出力29ps/3600rpm、変速機：前進4段後退1段、タイヤサイズ（前）6.00-16-6P（後）6.50-16-8P

オリエントAC・BB型

オリエントAC10型
（1958年）
全長4950mm、全幅
1820mm、全高1930mm、
ホイールベース3015mm、
最大積載量2000kg、車両重
量1575kg、乗車定員3名、
最高速74km/h、エンジン：
水冷4サイクル直列2気筒
1400cc、最高出力47ps、
タイヤサイズ（前）6.00-16-
8P（後）7.50-16-12P

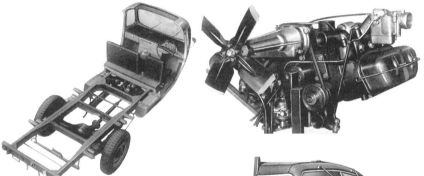

オリエントBB10型
（1959年）
全長4265mm、全幅
1670mm、全高1860mm、ホ
イールベース2650mm、最大積
載量1000kg、車両重量
1200kg、乗車定員2名、最高
速70km/h、エンジン：4サイク
ル2気筒905cc、最高出力
29ps、タイヤサイズ（前）5.50-
16-6P（後）6.50-16-8P

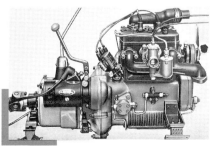

第4章　軽三輪及び

---

1. 草創期の軽三輪車及び軽四輪車

■日本独特のクラスである軽自動車の誕生

　この章では、軽自動車の成立から1960年代までの軽三輪車及び軽四輪トラックの動向を見ることにしたい。

　現在の軽自動車は排気量660ccで全長3400mm、全幅1480mmとなっているが、これは数度にわたる軽自動車の規格改訂によるもので、車両の安全性などを考慮して大きくなってきたものだ。エンジンの出力は64馬力にも達するものがあり、その大きさと性能は、初期の軽自動車とは比較にならないものである。たとえば、現在の軽自動車ではホイールベー

軽自動車の規格の変遷
● 1949年（昭和24年）7月－軽自動車の規格制定 　長さ 2.80 m 幅 1.00 m 高さ 2.00 m 排気量 150cc（4サイクル）100cc（2サイクル）出力 1.20KW
● 1950年（昭和25年）7月－軽自動車の中に二輪、三輪、四輪の区別新設 ・三輪及び四輪 　長さ 3.00 m 幅 1.30 m 高さ 2.00 m 排気量 300cc（4サイクル）200cc（2サイクル）出力 2.00KW
● 1951年（昭和26年）8月－三、四輪の排気量の拡大 ・4サイクル 300cc → 360cc・2サイクル 200cc → 240cc
● 1954年（昭和29年）10月－4、2サイクルの別撤廃 ・三、四輪車 4サイクル 2サイクルの区別をなくし 360cc
● 1960年（昭和35年）7月－定格出力の廃止
● 1972年（昭和47年）6月－ 軽自動車の検査を実施することに変更
● 1976年（昭和51年）1月－規格の改定 　長さ 3.00 m → 3.20 m 幅 1.30 m → 1.40 m 排気量 360cc → 550cc
● 1990年（平成2年）1月－規格の改定 　長さ 3.20 m → 3.30 m 排気量 550cc → 660cc
● 1996年（平成8年）9月－規格の改定 　長さ 3.30 m → 3.40 m 幅 1.40 m → 1.48 m

軽四輪トラックの時代

ス2300mmを超えるのものがたくさんある
が、1966年に市販された大衆車であるカ
ローラのホイールベースは2285mm、サ
ニーでは2280mmである。ホイールベース
はクルマの居住空間の目安であるから、
現在の軽乗用車は初代のカローラやサ
ニーに遜色ない室内になっている。エン
ジン出力も1100ccのカローラが60馬力、
1000ccのサニーが52馬力であり、現在の軽
自動車のほうがパワフルである。

　販売台数においても日本で生産される
自動車の30%を軽自動車が占め、ベスト
セラーとなっているスズキのワゴンRやダ
イハツのムーブなどは年間20万台もの販

1960年東京における軽三輪やトラックなどの走
行風景。すでに主要道路は渋滞気味となっていた。

売台数を誇っている。軽自動車は、今や日本独特の規格のクルマとして立派に存在感を示
している。そのために、軽自動車をいつまでも特別扱いすべきではないという意見さえ出
ている。

　しかしながら、軽自動車という規格があったために、このクラスのクルマが日本で独自
に発展進化してきたのである。1990年以降に景気後退で自動車全体の販売台数が下降線を
辿るなかで、改めて軽自動車の経済性が見直され、ユーザーに支持された。自動車がない
と生活できない地域で、2台目3台目のクルマとして軽自動車が必要とされたからである。

　軽自動車の規定が最初につくられたのは1949年7月で、このときには4サイクルエンジン
の排気量は150cc以下で全長2800mmと二輪を想定したものだった。翌1950年7月に軽自動
車二輪、三輪及び四輪の区別が設けられた。このときは排気量300ccだったが、これが1951
年8月に排気量が拡大された。これによって三輪及び四輪の軽自動車の開発に現実味が出
たのである。この1951年の段階では、軽自動車が360cc以下のエンジン排気量、全長
3000mm以下、全幅1300mm以下という規定で、取得が優しい軽免許で乗れること、税制で
優遇されること、車検制度が適用されないこと、車庫証明がいらないことなどの特典は非
常に魅力的であった。

1954年の自動車ショウに出品された住之江製作所製のフライングフェザーは人気を呼んだ。軽四輪車の規格で車両価格も安いと期待された。これが国民車構想のベースになったクルマである。

F・F（フライングフェザー）
全長2767mm、全幅1296mm、全高1300mm、ホイールベース1900mm、トレッド（前）1106mm（後）1110mm、最低地上高171mm、車両重量425kg、最高速60km/h、最小回転半径4m、エンジン：空冷90°V型2気筒4サイクルOHV350cc、ボア・ストローク60×62mm、圧縮比6、最高出力12.5ps/4500rpm、最大トルク2.2kgm/2500rpm、変速機：前進3段後退1段

　1955年に国民車構想が話題となったときにも軽自動車は注目された。本格的な国産乗用車として開発されたクラウンやダットサンが発売されて自動車に対する一般的な関心が高まっていたときで、通産省が自動車の普及を促すために車両価格の安い国民車をつくる構想を打ち出したのである。実際には軽自動車よりもひとまわり大きい車両を想定したものであったが、このころにつくられた軽自動車に刺激を受けた構想であった。コストを掛けずにひとつのメーカーが大量に生産することで安くて性能の良いクルマを国民車として援助しようという構想は、当時にあってはきわめて魅力的で、これが新聞記事になると大きな反響を呼んだ。

　実際には、通産省が考えた車両価格25万円で4人乗り、最高速100km/hの性能のクルマをつくるのは無理だという自動車工業会の公式見解により、この構想はあだ花に終わった。しかし、大衆車の時代がくることを実感させた効果は大きかった。トヨタのパブリカや三菱500などは、この構想がなければ開発されたかどうか疑わしい。日産やプリンスでも市販しなかったものの、国民車構想に近い大きさのクルマが試作されている。

　こうしたポピュラー性を重視したクルマに対する関心の大きさが、本格的な軽自動車を生み出すきっかけとなった。その後、ダイハツによる軽三輪車のミゼット、富士重工業によるスバル360の登場とそのヒットが、軽自動車のブームとなっただけでなく、自動車業界そのものの新しい扉を開くきっかけとなった。新しい需要の喚起に成功し、軽三輪や軽四輪をつくるメーカーを

スクーターのラビットを生産していた富士重工業は、1956年に三輪トラックラビットT175型を送り出した。

ラビットT175
全長2310mm、ホイールベース1570mm、荷箱：長950mm、幅900mm、車両重量195kg、積載量200kg、エンジン：FE-51型SV222.3cc、ボア・ストローク65×67mm、最高出力5.9ps/4000rpm、変速機：前進3段後退1段、タイヤサイズ4.00-8-4P

輩出させたのである。

■初期の軽自動車の動向

　まずミゼットやスバル360が登場する前の軽自動車の状況を見てみよう。

　最初に軽自動車として登場したのは、軽自動車規定が360ccとなった翌年の1952年のことである。この年に登場しているのは軽三輪のライトポニーと軽四輪のオートサンダルである。

　ライトポニーはオートバイをもとに荷物を運ぶためにつくられたシンプルな軽三輪である。これに対して、初の軽自動車と思われる四輪のオートサンダルは、立派な乗用車のスタイルにして軽自動車のサイズで無理矢理成立させたもので、4人乗りは乗用車、2人乗りは250kgの荷物の積載が可能であった。軽3輪はトラックとして、そして軽四輪は乗用車指向が強い貨客兼用として開発されたものが多い。

　多くの軽自動車メーカーは、ミゼットやスバル360の登場後は技術的なハードルが極めて高くなり、下手に手を出せないものになった。しかし、1950年代の前半は、まだ混乱のなかにある時代で、規模の小さいところでも、軽自動車を足場にして自動車メーカーになろうとする試みがなされた。

　以下に紹介する軽自動車は、1953年から、自動車雑誌として伝統のあった『モーターファン』誌にニューモデルとして紹介されたものである。生産台数が少ないものが多く、なかには試作だけに終わったものもあり、ミゼットやスバル360と比較するのは酷であるものの、それなりに評価を受けたものである。どれも、1950年代前半の物資も豊富でなく、動力の使用も一般的でない時代ならではのもので、さまざまな工夫がこらされている。小規模なメーカーのものは、エンジンをはじめとして既成のクルマの補修用部品などを利用してつくられているものが多い。

■ミゼット以前の軽三輪車

　ミゼットが登場するまでの軽三輪車は、オートバイを三輪にしたタイプとオート三輪車を軽の枠に縮小してつくったタイプとに分けることができる。

　最初に登場するライトポニーは前者に属す

先駆的な軽三輪車として1952年に登場したライトポニー。エンジンを前輪近くにレイアウトした前輪駆動は特許を取得していた。車体は鋼板張枠組式で、車重は意外に軽い。1953年に新モデルが登場するが、基本は同じだ。エンジンは三菱汎用の単気筒175cc4ps/3800rpmを流用する。

ライトポニー 53 年式
荷台：長1281mm、地上高140mm、積載量300kg、最高速45km/h、エンジン：4サイクル単気筒SV175cc、ボア・ストローク62×58mm、最高出力5.2ps/5000rpm、変速機：前進2段後退1段

ダイナスター T7-52型（1952年）
全長2350mm、全幅1150mm、全高1000mm、ホイール
ベース1550mm、トレッド860mm、荷台：長1000mm、
幅600mm、高250mm、最低地上高180mm、車両重量
160kg、最高速40km/h、最小回転半径1.55m、エンジン：
空冷4ストローク単気筒SV148cc、ボア・ストローク57.5
×57mm、圧縮比6.5、最高出力3ps/3600rpm

富士重工業グループに入る前の大宮富士工業製のダイナスター。54年型はスクーターの200cc、4.5ps/
3600rpmを使用（54年は5psとなる）、前輪24インチ、後輪16インチタイヤ。荷台はパイプと鉄板
を組み合わせている。自動遠心クラッチ使用。1955年型では最高速が45から50km/hになっている。

るものだが、機構的には前輪を駆動する特殊な形式である。

　製作は兵庫県西宮にある光栄工業で、良くできた手づくり製品である。4ストローク
148cc単気筒エンジンを前輪の近くに配置してベルトで駆動するもので、エンジンはホイー
ルの前に覆われて搭載されており、インホイールならぬアウトホイール駆動である。この
ために大きく舵が切れるから小回りが利くのが特徴だった。

　エンジンは名古屋にある中日本重工業でつくられたもので、カタログ上は3馬力で車両
重量200kgだったが、翌1953年には175cc4馬力になっている。荷台スペースも大きく、長
さは1281mm、タイヤは8インチで、地上高は140mmと低くなっている。バーハンドルであ

るが、シートは背もたれがあり、
車体は鋼板でつくられている。小
回りが利くことから工場や倉庫内
である程度使用されたようだ。

　もう一つのダイナスターは、後
に富士重工業として統合される前
の大宮富士工業製である。三鷹に
ある富士自動車工業でつくるス
クーターのラビット用の150～
200ccエンジンを使用し、パワート
レインなどもラビットの部品を流
用している。1952年の終わりに発
売してから毎年のように改良が加

浜松市の相生モータース製のスパーク。ベースはオートバイに荷台をつ
けて三輪にしたもの。1954年に登場、チェーン駆動でデフはない。

スパーク
全長2700mm、ホイールベース1700mm、荷箱：長1475mm、
幅1024mm、高200mm、積載量300kg、最高速65km/h、
最小回転半径2.6m、エンジン：空冷単気筒SV249cc、ボア・
ストローク65×75mm、圧縮比6、最高出力9ps/3500rpm、
最大トルク1.78kgm、変速機：前進4段後退1段

1953年に姿を現したホープスター。当時にあっては画期的な軽三輪車で、エンジンから車体まで独自に設計したもの。最高速度は60km/h、前進3段後退1段で、パワーはチェーンにより伝導され、後軸で左右に振り分けられるシャフトドライブ方式である。

えられた。パイプによるフレーム構造で、駆動はリアの片輪であるが、安定性を失わない機構が組み込まれていたという。荷台にシートが備えられた2人乗りで、この時代は荷台に人が載ることを規制していなかったのだ。

　1954年に発売された「スパーク」は浜松市にある相生モータース製で、空冷単気筒249ccエンジンからフロントまわりを含めてオートバイに荷台を装着した軽三輪車である。チェーンによる駆動でデフなどは装備されていない。エンジン出力は9馬力、最高速も65km/hと記録されている。

※

　オート三輪車に負けない内容の軽三輪車を最初につくったのはホープスターである。同社は、オートバイなどの販売修理から軽自動車メーカーになったもので、ひとえにオーナー経営者である小野定良の技術力によるものである。軽自動車業界で頭角を現したときには、本田宗一郎と並び称されたほどである。それまでの個人企業である「ホープ商会」を新しく「ホープ自動車」として株式会社にして、1952年から軽三輪車の開発が始められた。

　1953年につくった最初の軽三輪車からホープスターを名乗り、その出来映えが評価された。エンジンまで独自に開発、最初から自前の軽自動車としては目いっぱいの大きさの360ccのエンジン排気量になっていた。フレームもオート三輪車と同じに鋼板チャンネル材を用いたハシゴ型で、プロペラシャフトを持ちデフを備えていた。小野が自ら設計したエンジンは、ボアがくろがね750cc2気筒エンジンと同じなので、そのピストンが流用できる。同じようにコンロッドとクランクシャフトのローラー及びボールベアリングはマツダ車と同じサイズになっていて、そのほかにもバルブなども他のエンジンの補修部品を流用できるように配慮されている。トランスミッションやプロペラシャフトやデフなどもダットサン用と同じになっている。

　これが評判が良かったことで、ホープ自動車は次のステップに進むことが可能になったのである。

※

名古屋の石坂商店で発売するクノマック号。1954年に登場、400kg積みでデフも装備されている。

クノマック 全長3000mm、全幅1260mm、全高1200mm、荷箱：長1430mm、幅1200mm、高268mm、車両重量375kg、最高速45km/h、エンジン：強制空冷354cc、ボア・ストローク76×78mm、圧縮比4.8、最高出力8ps/3000rpm、変速機：前進3段後退1段、タイヤサイズ4.00×12

静岡県韮山の八州自動車製作所の1957年登場のヤシマ。エンジンは最高出力17馬力でドライサンプ方式と高性能だった。タンク容量12リッター。

ヤシマ
全長2800mm、全幅1280mm、全高1660mm、ホイールベース1980mm、トレッド1060mm、車両重量400kg、最大積載量300～500kg、最高速60km/h、最小回転半径3.15m、エンジン：空冷OHV360cc、ボア・ストローク75×81mm、圧縮比6.2、最高出力17ps、変速機：前進3段後退1段

三鷹富士産業でつくられた1956年登場のムサシ。シャフトドライブ方式。

ムサシ
全長2815mm、全幅1265mm、全高1650mm、ホイールベース1925mm、トレッド1050mm、荷箱：長1200mm、幅1185mm、深345mm、車両重量382kg、最大積載量500kg、最低地上高160mm、最高速55km/h、最小回転半径3m、エンジン：空冷直立単気筒SV357cc、ボア・ストローク75×81mm、圧縮比4.8、最高出力10ps/4000rpm、変速機：前進3段後退1段、タイヤサイズ4.00-16-4P

1954年に登場している名古屋でつくられた「クノマック」という軽三輪車は、生産台数が少なくすぐに消えてしまったようだが、手作りとしては工夫されたものだ。強制空冷の354ccエンジンはドライバーシートの下に納められて、そのぶん荷台スペースを大きくしている。

このほかにオート三輪車の縮小版としての軽三輪車には、三鷹富士産業製の「ムサシ」と静岡県韮山の八州自動車製作所の「ヤシマ」などがある。

いずれも既存のパーツを流用するなどして設計の効率化を図ったつくりであった。ムサシが発売されたのは1956年6月のことで、ヤシマは1957年5月である。どちらも、1950年代後半のオート三輪車の持っているイメージのスタイルになっていた。しかしながら、軽自動車の特典があることをアピールしても、新規に需要を掘り起こすことはむずかしかったようだ。

■スバル360登場以前の軽四輪自動車

　当時の小型自動車が100万円からの車両価格であったから、軽四輪車は、もう少し気軽に手が出せる価格にすれば、ニッチな製品として成立するのではないかという思惑で開発されたものが多い。
　しかし、それらの多くは、エンジンやサスペンションなどの機械部分は徹底的にコンパ

オートサンダル54年式
全長2810mm、全幅1200mm、全高1240mm、ホイールベース1570mm、トレッド960mm、積載量250kg、地上高180mm、車両重量400kg、最小回転半径3.46m、エンジン：2サイクル2気筒238cc、最高出力10BHP/5000rpm

名古屋にあるオートサンダル自動車でつくられた。軽四輪車としては最初に市販されている。1953年に登場し、54年にはスタイルなどに改良が加えられた。

東京品川にある三光製作所がつくったピックアップ型のテルヤン。国民車になるべく5年間かけて製作したという。エンジンもOHV型直列4気筒である。

テルヤンSK-36型
全長2950mm、全幅1260mm、全高1254mm、ホイールベース1715mm、トレッド（前）900mm（後）900mm、地上高200mm、車両重量350kg、最高速80km/h、最小回転半径3.5m、エンジン：水冷4気筒OHV360cc、ボア・ストローク47×52mm、圧縮比8、最高出力13.6ps/6000rpm

太田自動車の創業者の息子である太田祐一が興した東京南品川のオオタスピードショップでつくったオーミック号。空冷エンジンをリアに架装し、フロント内がトランクルームになっている。鋼管フレーム製で、四輪ともコイルスプリングを使用したサスペンション。

オーミック
全長2780mm、全幅1200mm、全高（幌含む）1500mm、ホイールベース1700mm、トレッド（前）1016mm（後）1016mm、車両総重量450kg、最高速60km/h、エンジン：空冷直列2気筒4サイクル356cc、ボア・ストローク60×63mm、圧縮比5.6、最高出力11.5ps/4700rpm、最大トルク2.0kgm/2300rpm、変速機：前進2段後退1段、タイヤサイズ4.00×8

横浜市の日本軽自動車製の1954年登場の「N・J」。リアエンジンでリア駆動。乗用車として使用するが後部にキャリアをつけて荷物が載るようにしている。

N・J54年式
全長2910mm、全幅1200mm、全高1200mm、ホイールベース1650mm、トレッド1000mm、最低地上高150mm、車両重量410kg、最高速70km/h、最小回転半径4m、エンジン：VA1型4ストローク90°V型DHV358cc、圧縮比7、最高出力12ps/4000rpm、最大トルク2.3kgm/2600rpm、タイヤサイズ4.00-12-4P

静岡県浜松のオートバイ大手の鈴木自動車の最初の四輪車スズライト。さすがに他の一品料理的なクルマとは違って本格的な四輪車となっている。

スズライト
全長2998mm、全幅1298mm、ホイールベース2000mm、トレッド1050mm、（セダン）最高速85km/h、車両重量520kg、（ライトバン）定員3、積載量150kg、最高速70km/h、（ピックアップ）定員2、積載量200kg、車両重量500kg、エンジン：SJK II型空冷2気筒2サイクル360cc、ボア・ストローク59×66mm、圧縮比6.8、最高出力15.1ps/3800rpm、最大トルク3.2kgm/2800rpm、変速機：前進3段後退1段、タイヤサイズ4.00-16-4P

クトにして、居住空間を犠牲にしないで設計するという発想がなかった。エンジンスペースやシャシーなどの機能部分を先に配置してから、余った部分が居住空間、あるいは荷室になるというレイアウトになった。それらの多くは技術的にも資金的にも余裕のないところでつくられたから、市販されたものは試作車の段階のままという感じが強かったので、一品料理としての軽自動車をつくっただけで消えていった。

　そうしたなかにあって、最初の軽四輪車の「オートサンダル」は100台以上市販されており、当時としてはそれなりに成功したものだ。このクルマをつくったのは名古屋を本拠とする中野自動車工業であるが、その社長の中野嘉四郎は戦前になかの・ヂャイアント号というオート三輪車をつくった実績があり、その権利を愛知機械に売って転身を図った。

1956年の全日本自動車ショウに出品され、その後市販されたニッケイタロー。埼玉県川口市の日本軽自動車製のピックアップトラックで、前輪独立懸架、ラック＆ピニオンのステアリング、パイプフレームでシートもパイプでつくられていた。

ニッケイタロー TA-1
全長2950mm、全幅1290mm、全高1370mm、ホイールベース1950mm、荷台：長780mm、幅1040mm、高385mm、車両重量420kg、最大積載量200kg、地上高150mm、エンジン：空冷4サイクル90°Ｖ型2気筒OHV357cc、ボア・ストローク60×63mm、最高出力12ps/4000rpm、変速機：前進4段後退1段、タイヤサイズ4.00-12

ニッケイタローを引き継いで軽トラック及びライトバンとなったコンタックス。製造はニッケイタローのエンジンをつくっていた東京都大田区の日建機械工業。価格はトラックが34万円、ライトバンが36万円で月10〜15台の計画で生産されたという。

コンタックス
車両重量約500kg、積載量200kg

軽自動車の規定ができて、すぐに開発を始め、1954年にはモデルチェンジが図られた。エンジンは3度にわたって換装されているものの、1955年で生産中止されている。2人乗り250kgと4人乗りのロードスターとあったが、その違いは荷台となる部分にシートを用意しているかどうかだけだった。

　1954年になると、いくつもの軽自動車が姿を現す。それらを列挙すると、横浜の日本軽自動車製の「Ｎ・Ｊ」、東京品川の三光製作所製の「テルヤン」、同じく東京品川のオオタスピードショップ製の「オーミック」、次いで1955年になると長野県松本の石川島芝浦機械製の「芝浦軽四輪」、福岡市の出光産業製の「バンビー」などがある。

1955年に登場した福岡市の出光産業製のバンビー。ボディをフラットにして工作しやすいようになっているが、四輪独立懸架である。

バンビー
全長2800mm、全幅1290mm、全高1300mm、ホイールベース1700mm、トレッド1080mm、地上高180mm、車両重量413kg、定員2名、積載量150kg、時速65km/h、エンジン：Ｖ型2気筒OHV356cc、ホイールベース62×59mm、圧縮比6、最高出力12ps/4500rpm、最大トルク2.2kgm/2800rpm、変速機：前進3段後退1段、タイヤサイズ5.00-9-4P

長野県松本市にある石川島芝浦機械で試作された芝浦軽四輪MR-2型。1型をつくってから設計し直したもので、1955年に完成。しかし市販には至らなかった。

芝浦軽四輪 MR-2 型
全長2830mm、全幅1210mm、全高1200mm、ホイールベース1700mm、最低地上高200mm、最高速60km/h、最小回転半径3.8m、エンジン：空冷単気筒4サイクルSV325cc、圧縮比5.4、最高出力8ps/4000rpm、変速機：前進3段後退1段、タイヤサイズ4.00-12

　1955年には、国民車構想のきっかけをつくった東京大田区の住之江製作所製の「フライング・フェザー」やスズキ自動車の「スズライト」などの歴史に名前を残す軽自動車が登場している。これらは、いずれも乗用車を中心として開発されたものだ。

　軽四輪トラックとしては、日本軽自動車製の「ニッケイタロー」がある。スタートは1954年のN・J号であるが、セダンからライトバン、そしてトラックまでラインアップを揃えていた。エンジンは空冷4サイクルV型2気筒357cc、12馬力である。1956年には100台以上つくられたといわれるが、1957年に経営破綻した。そのためにエンジンを製作していた東京都大田区にある日建機械工業がボディなどを改良して1958年から発売したのが「コンタックス」である。このトラックはモデルチェンジで車両重量が重くなっていたから、改良に苦心したことがうかがえる。

　ちなみに、1954年の全日本自動車ショウで人気となったフライング・フェザーは1955年に発売されたものの、思ったように売れ行きを伸ばすことができずに、生産中止に追い込まれている。ダットサンのボディ製作で実績があるスタッフが開発にかかわっていたが、それでも成功しなかった。生産中止となったことで、開発に携わった技術者はプリンス自動車などに入っている。ちなみに、オオタ自動車からは何人か富士重工業に入っており、くろがねやオリエントの技術者はホンダに入社するなど、この時代は各自動車メーカーが

大阪のヤンマーディーゼルで試作したヤンマーKT型軽四輪トラック。リアに搭載されたヤンマーエンジンは作業用の動力としても取り出すことができる。もともと四輪に進出しようとして試作したものではない。

トルコンメーカーである横浜の岡村製作所で、1957年につくられたミカサ・サービスマーク1。この年のモーターショーにライトバンとスポーツタイプ車が出品された。エンジン空冷水平対向2気筒OHV586cc、最大出力8.5ps/2800rpm。

軽三輪ムサシをつくった三鷹富士産業の軽四輪トラックパドル。1959年に登場、機能部品には旧型ダットサントラックのものを使用している。

パドル360
積載量300kg、最高速60km/h、エンジン：水冷4サイクル2気筒SV359cc、ボア・ストローク60×63.5mm、圧縮比6.5、最高出力15ps/4000rpm、最大トルク3.19kgm/2525rpm、タイヤサイズ（前）4.00-16-4P（後）4.00-16-6P

大きくなっていく時代だったので、優秀な技術者はあちこちで求められていたのである。

2. ミゼットの登場と相次ぐオート三輪メーカーの参入

■ホープスターの健闘

　ミゼットが市販されたのは1957年8月、スバル360は翌1958年3月発売である。両方に共通しているのは、発売当初はそれほど目立った売れ行きを示さなかったが、1・2年のうちにじわじわと浸透してやがてブームとなるように売れ行きを伸ばしていることだ。どちらもそれまでに発売された軽三輪と軽四輪の多くとは違って、技術的に優れたものに仕上がっていた。

　ミゼットに触れる前に、もう一度ホープスターについて見ることにしよう。というのは、ミゼット以前の軽三輪車のなかで圧倒的に出来の良いホープスターは、軽三輪ブームの露払い的な存在になっているからだ。

　1956年にホープスターは幌型を発売したが、エンジンを4サイクルから2サイクルに変更している。これは、振動が大きいことと馬力のないのを解消するための決断であった。独自に開発した2ストロークエンジンは、特許となるロータリーバルブを採用したものだった。

　この新しいホープスター軽三輪SU型は、まだバーハンドルであるが15馬力という、当時としては相当なレベルの出力だった。この時代にはスバル360も2サイクルであり、同じ360cc以下であれば2サイクルのほうが有利であるのは明らかだった。この空冷エンジンは、冷却フィンのある外観からは単気筒に思えるが、なかでシリンダーは二つに分かれている。ダブルピストンエンジンと称されており、ピストンはふたつあるが燃焼室はひとつ、プラグも1本である。中のシリンダーが背中合わせとなった中央の部分は冷却されないから、熱的には厳しかったと思われる。トルクを大きくするために苦労した結果でこうなったようだが、低回転エンジンだったからすぐに大きな問題が出なかったのだろう。

　1958年にはバーハンドルから丸ハンドル仕様のSY型とした。2人乗りとなり、オート三輪車に遜色ない装備となった。

　この年のホープスターの販売台数が年間3000台を越えた。当時の軽三輪車としては大変な実績で、ホープ自動車は生産拡大のために川崎工場を新設した。販売網の拡充も図られ

東京芝田町にあったホープ自動車では、1956年に出力性能を向上させたホープスターSU型を登場させた。2サイクルでダブルピストンとした空冷エンジンを開発、3700rpmで15psとなり出力不足を解消した。1958年に二つ目ヘッドライトにしてフロント曲面ガラスを使用しスタイルを一新した。

たが、実績のあるダイハツやマツダに比較すれば及ぶべくもないものだったが、資金力のないホープ自動車にすれば精一杯だった。その後も販売は上向き、軽四輪トラックの開発を進めるだけの体力ができたのである。

■ミゼットの登場とその成功

ホープスターが、あくまでもオート三輪車に近いイメージで売っていたのに対して、ミゼットは軽自動車の新しいスタンダードをつくった。これまでのどんな自動車とも異なるコンセプトだった。軽自動車は、さまざまな特典があるためにサイズが小さいのを我慢するものになりがちだが、そうした発想でないところで開発されたのだ。ミゼットは自転車やリアカーといった動力なしの乗りものに乗っている人たちに、動力付きにした方が便利ですよ、という誘いを掛けるものだった。

ダイハツが軽三輪車の開発を始めたのは1953年と早かったが、このジャンルが多少なりとも注目されるようになったものの、ダイハツにとっては主要なターゲットではなかった。生産を中止したアキツの工場を買収した際に、ここでつくるモデルとして企画が浮上したものだ。途中で開発スピードが落ちて、1956年の終わりに試作車が完成して走行テストに入った。

当初、軽自動車のエンジンは4サイクル350cc、2サイクルは240ccという規定だったために、2サイクルを採用して240ccエンジンの開発から始めている。その後、軽自動車のエンジン規定は2サイクルも360ccになったが、ダイハツは250cc8馬力のエンジンとして発売している。車両重量300kg、全長2540mmと軽の3m以内よりも小さい。

オート三輪車が丸ハンドルに切り替わりつつあったが、経済性を重視してバーハンドル仕様であった。エンジン出力を抑えて、タイヤサイズも9インチと小さくすることで車両が重量増になることを避けている。従来のトラックは、オーバーロードにも耐えられる設計で重くなりがちだったが、ミゼットは規定の300kg以下の荷物を運ぶものに徹したことも、従来にない進め方だった。

　フロントスクリーンが付き、幌の屋根があるものの、簡便な開放型のキャビンで、コストを掛けないでつくられている。燃費はリッター当たり28km、最小回転半径は2.1m、どんな細い道路でも入っていくことができ、重心が低くて走行安定性も三輪式としては悪くないものに仕上がっていた。

　ダイハツが軽三輪部門に進出することは、大きなニュースであった。しかも、そのコンパクトでかわいいスタイルはオート三輪車とは違う愛嬌のあるイメージを与え、道路に止められていても似合うように感じられた。

　1958年になるとミゼットは少しずつ売り上げが上昇し、やがて急速に売り上げを伸ばした。その多くのユーザーは、これまでに自動車とは無縁の層だった。ミゼットは個人商店などの配達に用いられるようになり、スクーターやオートバイからの代替よりも新規に購入した人たちが過半数を占めた。オート三輪や四輪トラックからの代替はわずか5%にすぎない。19万8000円という低価格が寄与している。それまでの軽三輪は30万円台が普通であったから、かなり格安な感じがした。

　ミゼットの成功で、他のメーカーからも次々と軽三輪トラックが登場した。ダイハツは、1959年には輸出仕様としてMPA型を開発した。丸ハンドル、全鋼板のキャビン、セルモーター付きで、これを完成させると国内向けの右ハンドルとしたMP2型とし、10月から最初のDKA型と併売された。

　さらに、12月には300cc12馬力にして350kgのMP3型が発売された。翌年には補助席を付けて2人乗りとした仕様、さらにパネルバンをシリーズに加えた。1960年5月になると荷台長さを960mmから1160mmにしたMP4型が発売された。その後も、サイドドアの開閉を巻き上げ式にし、荷台を1260mmにのばし、オイルマチック機構の潤滑装置のエンジンにするなどの改良が加えられた。

　ライバルたちの登場に改良で対抗したミゼットは、1960年には月産8500台の新記録をマークした。オート三輪車の売れ行きが下降線を辿るなかでダイハツの救世主になったのである。

　今でもお笑いといえば関西が主流であるが、ミゼットの宣伝は大村昆主演のテレビの「ダイハツコメディ」というお笑いドラマで人気となり、効果的に行われた。日本の経済

はじめは一つ目でバーハンドル車として登場したミゼット。その後二つ目で丸ハンドル車が加わった。左は「ダイハツコメディ」の一場面。

成長で、テレビをはじめとする電化製品が普及し、急速に生活のスタイルが変化していた。ミゼットのように、手軽で経済的な輸送機関が求められる時期になっていたのである。

オート三輪車は、買い換え需要が多くなっていたのと対照的に、ミゼットは新規需要を掘り起こしたから、販売方式もこれまでのままでは対応できなかった。そこで、組織的なビジネス体制にして、増産体制も効率優先で対応した。ミゼットの予想を超えた販売量は、ダイハツの企業体質を新しいものにするのにも一役買ったのである。

丸ハンドル、二つ目ライト、デザインも一新したMP型ミゼット。商店や小企業の配達に大きな需用を掘り起こした。

■マツダK360の登場

1958年から59年の初めまではミゼットが独走した。ホープスターもブームに乗って販売を増やしたものの、もともと設備にしても月産500台体制にするのも大変で、ピークとなる1959年は4500台の軽三輪車を生産した。ミゼットは10倍近い42000台に達していた。

ミゼットのヒットは、新しい軽三輪車を次々に登場させた。オート三輪車の売れ行きが低迷してきたから、需要のあるところに流れるのは時の勢いである。

四輪車指向を強めていたくろがねは、開発力が不足していたこともあって、後に触れる軽四輪トラックのくろがねベビーを出したが、ブームとなった軽三輪車を市販しなかった。残る五つのオート三輪メーカーは、どこも急いで市販することになった。

1959年になると、3月に愛知機械がコニー軽三輪を、4月にはオリエントがハンビーを発売、そして、5月にはマツダK360が市販された。この年の終わりに三菱のレオが登場して、すべての役者がそろったことになる。

オート三輪の両雄だったダイハツとマツダの方向性は対照的だった。ミゼットの簡易路線に対してマツダはデラックスなイメージの軽三輪車に仕立ててきたのだ。マツダK360は軽自動車の規定いっぱいのサイズにして装備も豪華、丸ハンドルにして、スタイルもデザイナーの小杉二郎に依頼してすっきりとまとめられた。ホイールベースもミゼットの1680mmに対して2060mmと軽三輪では最大となっている。4サイクルV型2気筒で11馬力、トルクを重視した仕様である。タイヤも12インチ径のものにして走破性も配慮されている。このために、車両重量はミゼットが300kgであるのに対して485kgと大幅に重くなっている。その重さを感じさせないスタイルになっていたことは軽三輪車の場合は有利に働いた。OHV型エンジンはドライバーシートと荷台の中間に配置されて独立型のキャビン位置を低くしており、シートは腰掛け型となっている。

360ccのエンジン枠いっぱいにして装備も充実させマツダK360は1959年に登場した。左はこれをベースに開発された小型三輪車枠となるK600。

■第三勢力の軽三輪メーカーの動向

　コニーは水平対向2気筒4サイクルエンジンを16馬力とパワフルにして、タイヤもフロントは16インチ径で、ホイールベースもマツダ同様に大きい。ミゼットやマツダが軽三輪の新しい方向性を提示したのに対して、コニーはホープスター同様にオート三輪の縮小版の感じである。フロントスクリーンが大きくライトはひとつ目、その両サイドにウインカーランプが目立つように取り付けられてアクセントになっている。丸ハンドル2人乗り、車両重量は465kgと重い方である。

　オリエントのハンビーは、さらにオート三輪車に近いイメージとなっている。オート三輪の2気筒エンジンを半分にした2サイクル単気筒エンジンが中央にあるシートの前に格納されている。バーハンドルで、全長は2680mmと軽の規格より短くなっている。1962年には日野の技術の協力を得てモデルチェンジされてハスラーを発売、スタイルも新しくなり、販売でも日野自動車販売の協力を得たものの、生産体制を充実するまでには至らなかった。

　最後に登場した三菱ペット・レオは、スクーターとオート三輪車をつくった実績をもとにした自信作だった。エンジンは310ccの12馬力、車両重量は350kgと比較的軽量につくられており、パワーウエイトレシオに優れている。最小回転範囲は2.3mと、ミゼットに次ぐ小回りの良さである。

　軽三輪とオート三輪の中間的なもので、ドライバーシートの下に納められている単気筒エンジンは、車室を高くしないように水平に配置されている。

　なお、1960年における車両価格は、ミゼットDS型18.8万円、同じくMP型22.8万円、マツダK360が23万円、コニー23.9万円、ハンビー19.3万円、レオ22.5万円、そしてホープスター

オート三輪車のヂャイアントの技術を生かしてつくられたコニー軽三輪車。

オリエントのハンビーは1959年に登場、1962年にモデルチェンジされ丸ハンドルのハスラーになった。

23万円となっている。発売当初よりも車両価格を引き下げているものがある。

　第三勢力の軽三輪車は、発売当初はどれも販売が好調に推移するように見えたが、時間がたつにつれてダイハツのミゼットと東洋工業のマツダK360型が他を大きく引き離す結果となった。生産体制をはじめとして、販売網やアフターサービスなどが充実している上に宣伝を派手にできることも差を大きくした。実際に性能で見れば販売数ほどの差はないのかもしれないが、わずかな違いでも良いほうに集中するから、その差は大きくならざるを得なかったのである。

　どのメーカーのものをとっても、この分野のクルマは世界的に見てもっとも良くできているといっていい。小さくて工夫をこらさなくてはならない分野は、日本人の得意とするものなのであろう。おそらく出来は日本が世界一で、オート三輪車の伝統が生かされ進化していた。

■短期間に終わった軽三輪車ブーム

　ミゼットによってつくられた軽三輪車ブームは、それまでのオートバイや自転車に頼っていた零細企業の輸送形態を大きく変えた。それは、庶民の生活の仕方まで変えるきっかけとなり、都会を中心にして町の風景まで変化をもたらすものであった。経済成長によるもので、このブームはくるべき時期にきたものということができる。しかし、そのブームは実際には長続きせずに軽自動車の分野では四輪車が主役を演じる時代が足早にやってくる。軽三輪車のブームは、沈静するのも早かった。

　ミゼットが売れ始めた1958年の軽三輪車の年間販売台数は約14000台だったが、マツダ

K360をはじめとして新モデルが陸続として登場した1959年には8万3000台を突破し、1960年になると19万台に達した。

　2年前の10倍を超える数字であるから誰もが信じられないものだった。オート三輪車がピークとなった1957年の年間販売台数は11万台で、これを大きく上まわる数字となった。しかし、1961年になると13万8000台と下降線をたどった。逆に、1960年から売り上げを伸ばしてきた軽四輪車は、この年には23万7000台近くとなり、急速に取って代わろうとしていた。生活が豊かになり、動力のある輸送機関が手軽に求められる状況は引き続いていたから、その導入の役目を果たした軽三輪車は、次の担い手である軽四輪自動車にバトンタッチされたのである。

　1960年になると、軽四輪のニューモデルが相次いで登場した。その2年前に市販されたスバル360によって、軽自動車がひとつのカテゴリーとして成立することが実証されたことが大きく影響している。4人が窮屈でなく乗れて、小型車と遜色のない走りと乗り心地を持ったクルマになっていたからだ。軽自動車は、本格的なクルマにならないかもしれないという不安が払拭されて、軽自動車からスタートして自動車メーカーになる道が開かれた意味は大きい。

　軽三輪車メーカーが軽四輪車に移行しただけでなく、新しく軽四輪車からスタートするメーカーもあって、さまざまな伝統の上に立ったメーカーが参入した。

3. 戦国時代ともいえる軽四輪車市場

■さまざまな機構を持つ軽四輪自動車

　ミゼットやスバル360の登場以降の軽四輪車は、一品料理的なものではなく性能的に安定したものになった。しかし、まだ新ジャンルとして定着していない時期なので、さまざまな形式のものがつくられている。軽三輪車の場合は荷物を運ぶことが目的なので機構的な違いが少なかったが、軽四輪車になると乗用車指向のものからトラックとして輸送を優先するものなど多様な狙いがあったからだ。

　ダイハツとマツダの軽四輪車の開発の仕方・車両戦略は異なるものであった。東洋工業は、トラックよりも乗用車に力を入れた。1960年に出した東洋工業の最初の軽乗用車マツダクーペはコンパクトな2人乗りで、コストを抑えて30万円で売り出して大きな反響を呼んだ。このすぐ後に登場したのが同じく軽四輪乗用車のマツダキャロルで、スバル360に対抗するためにエンジンも水冷の直列4気筒にして装備も充実させ、スタイルも印象的なものにした。

　これに対してダイハツは、ハイゼットというトラックから出発している。ライトバンと共用する機構を持つもので、ダイハツが軽乗用車を発売するのは1966年のダイハツフェローとかなり遅くなっている。

　新しいジャンルとして確立しようとする時期である1960年代の前半の軽自動車は、一台のクルマでさまざまな要求に応えようとし、また参入したメーカーの都合や思惑などで、

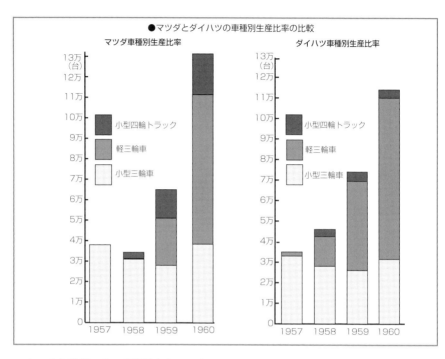

●マツダとダイハツの車種別生産比率の比較

マツダ車種別生産比率

13万
(台)
12万
11万
10万　　小型四輪トラック
9万
8万　　軽三輪車
7万
6万　　小型三輪車
5万
4万
3万
2万
1万
0
　　　1957　1958　1959　1960

ダイハツ車種別生産比率

13万
(台)
12万
11万
10万　　小型四輪トラック
9万
8万　　軽三輪車
7万
6万
5万　　小型三輪車
4万
3万
2万
1万
0
　　　1957　1958　1959　1960

いろいろな機構のものが渾然としていた。

　エンジンの配置と駆動方式で見た場合、もっともオーソドックスなFR方式があり、小型車に有利なFF方式やRR方式があり、三輪車同様にシート下にエンジンを収納したアンダーシート・エンジンのリアドライブ方式もあった。軽四輪トラックとしてはオーソドックスな機構であるエンジンを前方に配置した、いわゆるキャブオーバータイプのトラックは遅れて姿を現わしている。

　このころの軽四輪車は、トラックであっても乗用車的な指向を強める意識が働いて、荷台を少しでも長くしようという発想で設計されていない。全長3000mmという制約があるにもかかわらず、ボンネットタイプのほうが多数派で、荷台部分とリアシートのあるなし以外にはライトバンとトラックは、あまり変わらないものが多かった。4人乗りのライトバンは、配達などの商売に使用しながら、ときにはドライブも楽しめるものになっていたのだ。乗り心地と走行性能を優先させた乗用車と、荷物を運ぶためのトラックや商用車とが、明瞭に区別されるまでに進化するには、まだ時間が必要だったのだ。

　FR方式を採用したのは、三菱360やマツダ360トラックなどであるが、四輪車の多くがサイズに関係なくFRにするのが当たり前の時代であり、もっとも手堅い機構として選択されていた。スズキのスズライトなどが採用したFF方式は少数派だった。また、アンダーシートエンジン・リアドライブ方式は、現在のミッドシップ配置とは異なる方式であり、軽三輪車と同じシャシーとパワートレインにしたもので、必ずしも荷台スペースを大きく

とれる配置になっていない。これはコニーやホープスターなどが採用している。

RR方式を採用したくろがねベビーとスバルサンバーはキャブ部分を短くしているが、リアに搭載されるエンジン部分は荷台のじゃまになった。それを意識して設計したサンバーのほうがトラックに徹したつくりになっていた。

1960年代にはいってから形成された軽四輪車の市場は、四輪部門に参入しようとするメーカーの激しい競争の場であった。ここで成功したメーカーは、その後の多様な展開を見せることになるが、この過渡期に姿を消していったところもいくつかある。

■くろがねベビーの場合

日本自動車工業から「東急くろがね」になったが、ブームとなった軽三輪車をつくらなかった。リスクが大きくなることを避けるために開発できる車両が限られたからで、需要が見込まれる軽四輪車にターゲットを絞ったのである。RR方式を採用したのは、エンジンをリアに搭載することによって、中央部分の荷台の位置が低くなることで、荷物の積み降ろしが楽になると考えたからだ。オート三輪車用に開発された水冷4サイクル直列4気筒エンジンをベースに2気筒にしたOHV型356cc18馬力で、四輪独立懸架を採用した。トラックに徹するというより乗貨兼用タイプにする意図で開発された。2人乗りと4人乗りとあり、幌のないものから、幌付き、さらにはバンタイプまで揃えられた。標準トラックタイプで28.8万円であった。

リアにエンジンがあるので荷台は広くなく、そうかといって乗用車的に使用するのに適当とはいえなかった。設計の段階では、軽三輪車をライバルとして考慮しており、軽四輪にして優位性を出そうとしていた。そのため、軽四輪車としては比較的発売が早く、1959年秋であった。だが、実際に競合するのは続々と登場する軽四輪車になったので、一部ではこのコンセプトが評価されたものの市場では埋没せざるを得なかった。このため、1962年初頭に生産中止され、これがくろがねの最後のモデルとなった。

東急くろがねの神奈川県の寒川にあった工場は、1963年から日産のキャブライトエンジンを生産するようになり、社名も「東急機関工業」に改められた。そして、1970年には日産自動車に買い取られて、この工場は主として日産の商用車用エンジンを生産する日産の子会社である「日産工機」となった。

RR方式の軽四輪くろがねベビー。日本で最初のキャブオーバータイプの軽トラック。

■ユニークな活動で注目されたコニーとその車両開発の中止

　需要の伸びは着実であったオート三輪時代から一転して、ミゼットの登場以来は需要の変化の波は激しかった。トップメーカーは、その波に乗ることが可能だったが、中間に位置するメーカーは大波に翻弄された。愛知機械は、その典型であった。コニーという新しいブランド名を確固としてものにしようと軽三輪車を発売したものの後発組となり、タイミングも悪く、1961年には生産中止に追い込まれている。

　軽四輪車への転身ではダイハツやマツダより早く、まだ軽三輪ブームのまっただなかの1960年のはじめに登場したのがコニー360である。軽三輪車のシャシーを流用して四輪に仕立てて乗用車ムードを出したトラックで、半年後にはライトバン仕様も追加された。しかし、本格的な軽四輪車がすぐに登場して苦戦を免れることはできなかった。車両価格は軽トラックが33万円、ライトバンが37.5万円だった。

同じ軽四輪トラックでもコンセプトが異なるもの。2人乗りピックアップで荷物が積める乗用車という狙いだった。

コニー　グッピー
全長2565mm、全幅1265mm、全高1290mm、ホイールベース1670mm、トレッド（前）1010mm（後）950mm、荷台：長685mm、幅965mm、最大積載量100kg、最低地上高150mm、最高速80km/h、最小回転半径3.75m、エンジン：強制空冷2サイクル199cc、最高出力11ps、タイヤサイズ4.00-8-4P

　なんといっても、コニーの名前を印象づけたのは1961年に発売されたコニーグッピーの
ユニークさであったろう。

　この企画自体が軽四輪車というより、軽自動車とスクーターの中間の、それまでにない
ジャンルのクルマとして開発がスタートしている。軽自動車のサイズにこだわらずに、で
きるだけ小さくする狙いで、全長は2565mmとなっている。必ずしも四輪にこだわらず最
初は前2輪後1輪形式の計画であったという。2人乗りで0.6m²の荷台を持つピックアップ
トラックであるが、愛知機械の開発スタッフのあいだではコマーシャルクーペと表現されて
いて、小さい荷物も積める準乗用車というのが狙いであった。そのためにスタイルの良さ
にこだわっていた。自動車として成立する最小のサイズとして開発された点でもユニーク
な試みである。エンジンは200cc、トルコン付きにして運転しやすくしている。合理的に
するためにRR方式が選択され、サスペンションは前ウィッシュボーン式・後トレーリン
グアーム式の独立懸架、タイヤは400-8インチで、スクーターと同じサイズである。2サイ
クル単気筒エンジンは11馬力、ミッションは前後とも1段でシフトレバーにより前進と後
進を選択する。275kgという軽い車体重量なので加速の際も問題ないという考えだった。
ちなみに前進の変速比は1.111、最終減速比は5.286となっている。

　車両価格は22.5万円とオートバイ並みだった。しかし、発売したころには多くの軽四輪
車があって選択の幅が広がっており、狙ったように売れなかった。その可憐なスタイルと
手軽なムードで一定の人気があって、町中で走る姿も見られるようになったものの、当初
の計画の年間5000台の販売目標は達成されなかった。

　1962年には4サイクル水平対向2気筒エンジンを搭載する軽乗用車を試作したが、発売す
るには至らず、このために新開発のエンジンはライトバンに積まれた。コニー軽自動車の
販売は伸びずに、1962年には日産自動車と技術提携を結ぶことになる。しかし、それは日
産主導による愛知機械の子会社化の始まりで、同社の工場ではチェリーなど日産車の生産
が中心になっていった。1970年までコニーブランドの軽自動車がつくられたが、その後は
日産車を生産する工場として生きていくことになった。

■独自性を示したホープスターだったが……

　1960年4月に登場したホープスターの最初の軽四輪トラックがNT型ユニカーである。
コニー360と同じように軽四輪トラックとして早めに登場したのは、軽三輪車の四輪版と
して開発されたからである。エンジンやシャシーは共通で、タイヤは軽三輪車が14インチ
であるのに対して12インチになっている。スタイルとしては洗練されたものにはなってい
るとはいえなかった。

　1961年秋にはモデルチェンジされてホープスターOT型となった。軽三輪車用エンジン
をロータリーバルブ式の2サイクルエンジンにしたST型に替えたことにともなうもので、
エンジンとフロントグリルなどのフェイスリスト以外はあまり変わっていない。荷台やド
アなどの部品は軽三輪車と共通である。

　ホープスターがキャブオーバータイプのOV型を出すのは1963年になってからだ。これ
も、フレームなどはOT型と共通である。全長は2990mmと軽自動車のサイズいっぱいの大

軽自動車メーカーとしては先駆的だったホープスターはいち早く軽四輪トラックシリーズを開発、左が1960年にデビューしたユニカー、上がキャブオーバータイプのOV型。

きさになり、荷台も442mm長くなっている。エンジンが凝ったものになって17馬力であったが、車両重量は500kgと軽自動車としてはかなり重かった。ボンネットタイプのOT型も490kgだった。ちなみに、OT型は28.9万円、OV型は33万円という車両価格だった。

　生産設備と販売組織を持った有力自動車メーカーと競争するには苦しかった。ホープスターは全国に販売網を持つメーカーとは規模が違っていたので、販売を伸ばすのはむずかしかったのだ。1963年には軽三輪車の生産を中止し、1965年には軽四輪車から撤退を決意、各種の機械メーカーとして活動することになった。

■富士自動車から軽のミニバンが登場

　ガスデンのミニバンといっても知らない人の方が多いかもしれない。1962年2月に発表されたものの、実際に発売されずに終わっているからだ。しかし、これは軽四輪としては最初の本格的なキャブオーバータイプとしてつくられ、実用性を重視している。エンジンはドライバーシートの下に収納され、荷台スペースを大きくしている。2人乗りで300kg、4人乗りで200kgの積載量で、ミニバンの原型といえるクルマである。エンジンは2サイクル2気筒水平対向17馬力、前後ともリーフスプリングを使用したサスペンション、セミモノコック構造である。

　開発した富士自動車というのは、日産の戦後最初の社長だった山本惣治が興した会社で、占領軍の車両修理をする仕事を大量に受注して大きくなった。受注先の占領軍との関係は良好で、戦争で引き上げてきた人たちを積極的に雇い入れ、たちまちのうちに1万人を越える従業員を抱えた。太平洋地域に展開するアメリカ軍からの自動車修理は引きも切らないほどだったが、次第に新しいクルマに入れ替わって仕事が減少してきた。そのために、小型エンジンを製作していたガスデンを傘下に収めたりして事業の拡大が図られた。日産がオースチンと提携して国産化する前に、クライスラーと技術提携契約を交わした。しかし、通産省が認可せずにクライスラーの国産化は実現しなかった。その後、FRPボディで話題を呼んだ軽三輪乗用車フジ・キャビンをつくったことで知られている。日産を追われるように離れた山本は、日産以上の自動車メーカーになろうと密かに努力を続けたのである。

　ガスデン・ミニバンもこうした背景があって登場したものであるが、この直後に山本が

ガスデン　ミニバン
全長2985mm、全幅1295mm、全高1550mm、ホイールベース1800mm、トレッド1100mm、荷台：長1275mm、幅1100mm、高970mm、車両重量510kg、最大積載量300kg、最低地上高145mm、最高速75km/h、最小回転半径3.7m、エンジン：ガスデン水平シリンダー2ストローク2気筒356cc、圧縮比6.8、ボア・ストローク60×63mm、最高出力17ps/5000rpm、最大トルク2.8kgm/3500rpm、変速機：前進3段後退1段、タイヤサイズ4.50-10-4P

神奈川県追浜にあった富士自動車製のガスデンミニバン。キャブオーバータイプでシート下にエンジンを収容し、荷台スペースを優先している。ガスデンエンジンは、オートバイ用や汎用に使用されていたものの改良である。

死亡して、富士自動車は小松ゼノアに吸収され、ミニバンも試作だけに終わったのである。

■実績を持つ自動車メーカーの強さ

　ダイハツは1960年10月にライトバンとトラックとなるハイゼットL35型を発売、マツダは1961年2月にマツダ360軽トラックを発売、そして三菱も1961年4月に三菱360ライトバンを、10月にはトラックLT22型を発売した。

　共通するのはFR方式を採用して手堅くつくられていることで、スタイルにも力を入れ、装備も充実している。オート三輪車の製造でも実績を持ち、軽四輪車が当面の主力になりうる車種であったから、優秀な技術陣を動員して開発に当たり、市場調査によってユーザーの指向を開発モデルに反映させていった。

　ダイハツでは、商用車であっても乗用車的な感覚を大切にしなくてはならないとミゼットとは明瞭に違いを出そうとした。

　マツダでは軽四輪乗用車の開発の経験を生かして商用車に求められる低速トルクの充実など、同じエンジンを使用するにしても仕様を変更している。

　三菱では、スタイリングを重視、フレームレス構造にして室内を広くして重心を低くすることを心がけた。

軽自動車部門では商用車を中心に展開したダイハツでは、
まずボンネットタイプとキャブオーバータイプとを揃えた。

マツダB360トラック。エンジンはマツ
ダRクーペ用V2型を
改良したもの。

　いずれも、ライトバン、パネルバン、トラックとシリーズ化して、デラックスタイプを
出し、オプション部品の充実などが図られた。軽自動車であっても、豪華な仕様にするこ
とをユーザーが望んでいることが分かっていたからだ。軽自動車として成功するために
は、企画として軽自動車の枠内にありながら、商用車といえども一人前のクルマであると
いう印象が重要だったのだ。

■パイオニアとしてのスズキの軽トラック

　スズライトで四輪部門に参入したスズキ自動車は、軽自動車では最も長い伝統を持つ。
まだ町工場レベルの軽自動車しかなかった1955年に、スズライトはドイツのロイドを手本
にして開発された。13インチのタイヤで軽の枠のなかに納めるのに苦労し、ユーザーを獲
得するには至らなかった。このときの市場の反応で、ライトバンが人気があることが分か
り、モデルチェンジする際にはライトバンを中心に販売した。これが四角張った2代目の
スズライトである。スペース効率を良くするためにFF方式を採用した。これがのちにフロ
ンテとなり、スズキの軽自動車の基盤をつくっていく。

　スズライト・キャリイFB型トラックが登場するのは1961年の秋である。乗用車とは異
なる企画として開発が進められ、機構的にもトラックに適した内容にしている。乗用車と
トラックを異なるコンセプトで開発した点が注目される。同じボンネットタイプである
が、こちらはハシゴ型フレームを持ち、エンジンはドライバーシートの下に収納されてプ

三菱では、軽四輪部門の参入にあたりトラックからライトバン・乗用車と揃って市販した。

軽四輪メーカーに徹するスズキは1961年に軽トラックスズライト
キャリイを出し、このシリーズが現在まで続いて生産されている。

ロペラシャフトを通じてリア駆動している。エンジンは直列2気筒2サイクルで、荷台も1502mmと比較的長くなっている。月産500台でスタートし、それを2000台まで引き上げる計画を立て、それをみごとにクリアしている。新しく販売網を整備するなどの組織づくりを始めた。

■スバルの2番目のヒットはスバルサンバー

　スズキ自動車以上に乗用車とトラックを明瞭に分けて開発したのが富士重工業である。他の多くのメーカーが乗用車的なトラックから始めたのとは大きな違いで、時代を先取りしていたといえる。

　スバル360を開発した技術者たちが、引き続いて取り組んだのがスバルサンバーである。設計の思想は一貫しており、それをトラックに応用したものである。スバル360ではそれまでにない10インチタイヤを使用することでバランスのとれたクルマにすることを可能にし、徹底した軽量化が図られていた。機能をうまく発揮して耐久性を良くしながら軽くするのは相当な技術力が要求される。

　それをみごとに達成したところに成功のカギがあったわけだが、サンバーでも同様にRR方式として徹底した軽量化が図られた。トラックであるからには荷台スペースを優先するのは当然のことで、ワンボックスタイプにする以外になかった。エンジンもできるだけ低い位置に搭載し、フロアも低くして、乗り降りに便利なようにドアは前方を深くほり下げ

水平対向2気筒2サイクルエンジンをリアに積むスバルサンバー。トラックとライトバンがあり、シリーズとして充実が図られていった。

るなど、細部にわたって配慮が行き届いている。サスペンションは四輪独立懸架で、スバルクッションといわれた快適性を実現している。

　エンジンも18馬力に引き上げられ、後席には折り畳み式のシートが用意され、2人乗りでは300kg、4人乗りでは200kgの積載量になっている。車両重量は395kgと飛び抜けて軽く、同じ軽四輪では重いものとは100kgもの違いがあった。

　1960年秋に発売され、翌1961年秋には3ドアのライトバンタイプが追加され、さらに半年後には4ドアライトバンが加わっている。ちなみに、4ドアライトバンはスタンダード30万円、デラックス34.3万円という車両価格だった。軽自動車で成功した富士重工業は、これを足場にしてスバル1000を開発することになる。

■ホンダも四輪デビューはトラックだった

　軽自動車に参入したのはホンダが最後発となる。その登場は1963年のことで、軽自動車の勢力地図がある程度固まってからのことである。ホンダは二輪グランプリレースで世界の頂点に立ち、オートバイでは世界一のメーカーとなっており、オーナー社長である本田宗一郎の派手なパフォーマンスもあって注目される存在になっていた。そのホンダが四輪部門に参入することは早くから噂されていた。

　期待を裏切らないデビューを飾り、他のメーカーとは違うという印象を強めた。最初にお披露目したのは360ccと500ccエンジンを持つスポーツカーだった。二輪用レースマシンでは世界一精巧なエンジンを開発して話題となり、四輪でも市販車ではあまり例のないDOHC4バルブエンジンを搭載する高性能スポーツカーで、いかにもホンダらしい四輪への参入だった。

　実際には軽のスポーツカーはパワー不足であることで発売されず、最初に発売されたホンダのスポーツカーはホンダS500だった。

　同時に1963年2月にホンダT360というトラックが発売された。軽自動車の最初のモデル

スポーツカー用であるDOHC4バルブの高性
能エンジンを搭載するホンダT360トラック。

がトラックからというのはホンダらし
からぬ地味なスタートに見えるが、誰
もそうは受け取らなかった。何しろエ
ンジンがスポーツカー用に開発された
高性能なDOHCだったからだ。

　トラックに使用されるエンジンは、
耐久性やコストを考慮して機構的にシ
ンプルなものにする傾向がある。とこ
ろが、乗用車にも使用するのが躊躇わ
れる高性能エンジンというのはあまり
にも常識破りだった。普通ならバカな
ことをすると思われるところだが、い
かにもホンダらしいとおもしろがられ
て逆にイメージアップに成功している
のだ。

　このトラックを開発したのはホンダ
の外人部隊といわれたくろがねやオリ
エントから途中入社した技術者が中心だった。このエンジンにしても、スポーツカー用に
開発したものであるが、トラック用に新しくエンジンを開発するより費用がかからないと
いう読みもあったのである。

　セミキャブオーバータイプのT360トラックは、充分に使用に耐えられる出来になってい
た。エンジンも高回転しか使えないものではなく、1、2速の使用範囲が狭くなっているも
のの町中走行を苦手にしたものではなかった。サスペンションは前ウイッシュボーン・後
リーフリジッドとオーソドックスで、エンジンは床下に寝かせて搭載されていた。車両重
量は610kgと重く、2人乗り350kg積み、最高速度100km/h、車両価格は34.9万円だった。

　この後にホンダは空冷2気筒OHC型エンジンを搭載したフルキャブオーバーのホンダ
TN360を発売して高性能なT360と併売し
ており、このTN360がその後TNアクティ
に発展する。

　軽乗用車のホンダN360が登場するのは
1967年で、これからホンダの本格的な四
輪車市場での挑戦が始まるが、1970年代
のはじめにホンダではバモスホンダやス
テップバンなど、他のメーカーからは現
れないような遊び心にあふれた軽自動車
を世に送った。これらは必ずしも成功し
たとはいえないが、ホンダらしさをア
ピールすることに成功したものだった。

1960年代に登場したホンダバモスは若手
技術陣によって開発されたものだった。

ホープスターSU・SY型

1953年から軽三輪を発売しているホープスターは、この分野のパイオニアである。SU型からSM型まではユニークなダブルピストンの2サイクルエンジンを使用している。SY型から丸ハンドルになり、スタイル的にも他のメーカーと遜色ないものになっている。

ホープスターSU型（1956年）
全長2900mm、全幅1270mm、全高1670mm、ホイールベース1970mm、荷台：長1200mm、幅1180mm、深345mm、車両総重量734kg、最大積載量300kg、最高速60km/h、最小回転半径3m、エンジン：強制空冷2サイクル単気筒U型349.5cc、ボア・ストローク56×71mm、圧縮比6.4、最高出力15ps/3700rpm、変速機：前進4段後退1段、タイヤサイズ4.00-16-4P

ホープスターSY型（1958年）
全長2985mm、全幅1270mm、全高1645mm、ホイールベース1960mm、トレッド1050mm、荷台：長1350mm、幅1180mm、深さ345mm、最大積載量300kg、車両重量420kg、最低地上高175mm、最高速60km/h、最小回転半径2.9m、エンジン：強制空冷U型2気筒350cc、ボア・ストローク56×71mm、圧縮比6.4、最高出力15ps、変速機：前進3段後退1段、タイヤサイズ（前）400×16-4P（後）400×16-6P

ホープスターSM・ST型

ホープスターSM型（1960年）

全長2990mm、全幅1280mm、全高1485mm、ホイールベース1985mm、トレッド（後）1050mm、荷台：長1350mm、幅1180mm、高360mm、最大積載量350kg、車両重量445kg、最低地上高150mm、最高速65km/h、最小回転半径3.0m、エンジン：強制空冷U型2気筒350cc、ボア・ストローク56×71mm、圧縮比6.4、最高出力15ps、最大トルク2.55kgm/2300rpm、変速機：前進3段後退1段、タイヤサイズ（前）450×14-4P（後）450×14-6P

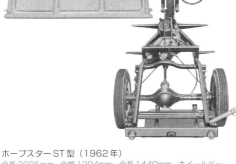

ホープスターST型（1962年）

全長2985mm、全幅1294mm、全高1440mm、ホイールベース2010mm、トレッド（後）1070mm、荷箱：長1325mm、幅1169mm、高367mm、最大積載量350kg、車両重量433kg、最低地上高160mm、最高速80km/h、最小回転半径3.15m、エンジン：強制空冷2気筒360cc、ボア・ストローク60×63mm、圧縮比6.8、最高出力17ps、変速機：前進3段後退1段、タイヤサイズ（前）4.50-12-4P（後）4.50-12-6P

ダイハツミゼットDKA&DK2・MP&MP4型

軽三輪車の代名詞になるほどの人気で、1959〜60年はミゼットブームといって良いくらいだった。バーハンドルのDK型と丸ハンドル・2つ目ライトのMP型を併売したことで、他のメーカーの新モデルに対抗した。他メーカーが撤退するなかで1960年代後半まで生産が続けられた。

ダイハツミゼットDKA & DK2型（1958年）

全長2540mm、全幅1200mm、全高1500mm、ホイールベース1680mm、トレッド1030mm、荷箱：長1090mm、幅970mm、高355mm、最大積載量300kg、最低地上高140mm、最小回転半径2.1m、エンジン：強制空冷単気筒250cc、ボア・ストローク65×75mm、圧縮比6.2、最高出力8ps、変速機：前進3段後退1段、タイヤサイズ5.00-9-4P〔後5.00-9-6P〕 ※〔 〕はDK2型

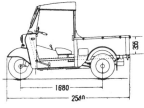

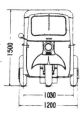

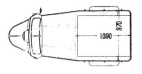

ダイハツミゼットMP & MP4型（1960年）

全長2885mm、全幅1296mm、全高1510mm、ホイールベース1810mm、トレッド1122mm、荷箱：長1160mm、幅1100mm、高425mm、最大積載量350kg、最低地上高140mm、最小回転半径2.6m、エンジン：強制空冷単気筒305cc、ボア・ストローク72×75mm、圧縮比6.2、最高出力12ps、変速機：前進3段後退1段、タイヤサイズ（前）5.00-9-4P（後）5.00-9-6P

ダイハツミゼットMP5型

ダイハツミゼットMP5型（1963年）
全長2970mm、全幅1295mm、全高1455mm、
ホイールベース1905mm、トレッド1120mm、
荷台：長1260mm、幅1100mm、高380mm、
最大積載量350kg、車両重量415kg、最低地上
高140mm、最高速65km/h、最小回転半径
2.7m、エンジン：強制空冷305cc、最高出力
12ps/4500rpm、最大トルク2.4kgm/
2500rpm、変速機：前進3段後退1段、タイヤ
サイズ（前）5.00-9-4P（後）5.00-9-6P.

マツダK360

ミゼットと並ぶ軽の三輪のヒット商品となったのがマツダK360。ダイハツより遅れて開発したぶん、軽の枠いっぱいを使って機能的に優れたものにしている。これをベースにマツダK600という小型車に区分される三輪車も発売、軽の特典がないものの積載量も多く、出力的にも向上させたものであった。

マツダK360（1959年）

全長2975mm、全幅1280mm、全高1430mm、ホイールベース2060mm、トレッド1060mm、荷台：長1180mm、幅1120mm、深さ345mm、最大積載量300kg、車両重量485kg、最高速65km/h、最小回転半径3.3m、エンジン：強制空冷76度2気筒OHV356cc、ボア・ストローク55×75mm、圧縮比6.5、最高出力11ps/4300rpm、最大トルク2.2kgm/3000rpm、変速機：前進3段後退1段、タイヤサイズ（前）5.20-12-4P（後）5.20-12-6P

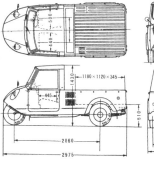

マツダK360・T600

マツダ T600 (1959年)
全長3295mm、全幅1320mm、全高1450mm、ホイールベース
2150mm、トレッド1100mm、荷箱：長1500mm、幅1120mm、
深さ345mm、最大積載量500kg、車両重量520kg、最高速75km/
h、最小回転半径3.6m、エンジン：強制空冷76度2気筒OHV577cc、
ボア・ストローク70×75mm、圧縮比6.5、最高出力20ps/4300rpm、
最大トルク3.8kgm/3000rpm、変速機：前進3段後退1段、タイヤサ
イズ（前）5.00-13-4P（後）5.00-13-6P

コニーAA27型

1959年に登場したコニーはオート三輪車ヂァイアントを縮小させた機構で、中央の大きなヘッドライトまわりがスタイルのアクセントになっている。エンジンやミッションがドライバーの後方にあるので、シフトレバーが後方から伸びてきている。

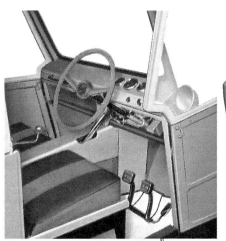

コニーAA27型（1959年）
全長2940mm、全幅1235mm、全高1515mm、ホイールベース2050mm、トレッド1100mm、荷台：長1200mm、幅1040mm、高350mm、最大積載量300kg、最低地上高150mm、最高速68km/h、最小回転半径3m、エンジン：強制空冷水平対向2気筒359cc、ボア・ストローク58×68mm、圧縮比6.9、最高出力16ps/4800rpm、変速機：常時噛合および歯車摺動、タイヤサイズ4.00-16-6P

ハンビー・ハンビー サリー・ハスラー

1959年に登場したハンビーはバーハンドル仕様で2人乗り。ドライバーは中央で助手席が左側に小さくつけられた開放型のオート三輪車と同じタイプだった。これをベースにつくられたハンビー・サリーは乗用車タイプで国内使用よりも輸出を考慮したもの。1961年にモデルチェンジされてハスラーになった。丸ハンドルとなり、エンジンはハンビーと同じもの。

ハンビーEF11型（1959年）
全長2680mm、全幅1280mm、全高1500mm、ホイールベース1825mm、トレッド1050mm、荷台：長1200mm、幅1160mm、深さ330mm、最大積載量350kg、車両総重量360kg、最低地上145mm、最高速70km/h、最小回転半径2.7m、エンジン：強制空冷単気筒285cc、ボア・ストローク72×70mm、最高出力12ps/4400rpm、最大トルク2.5kgm/2400rpm、変速機：前進3段後退1段、タイヤサイズ（前）5.00-9-4P（後）5.00-9-6P

ハンビー・サリー（1960年）
全長3690mm、全幅1220mm、全高1500mm、ホイールベース1325mm、最高速70km/h、エンジン：空冷2サイクル単気筒385cc、最高出力11.5ps、タイヤサイズ（前）5.00-9-4P（後）5.00-9-6P

ハスラーEM型（1961年）
全長2750mm、全幅1285mm、全高1450mm、ホイールベース1815mm、トレッド1120mm、最小回転半径2.65m、車重405kg（幌つき414kg）

三菱ペットレオ

最後発となった三菱レオはフロント中央にあるタイヤがなければ、前から見たら四輪のようにフロント部分が下まで四角ばっている。エンジンはドライバーシートの下に水平に配置され、ミッションはシンクロ付きとなっている。

三菱ペットレオ（1960年）
最大積載量300kg、最小回転半径2.2m、エンジン：空冷水平単気筒4サイクルOHV310cc、最高出力12ps、変速機：前進3段後退1段、タイヤサイズ（前）5.00-9-6P（後）5.00-9-8P

くろがねベビー

軽三輪ブームのなかで、それらに対抗するために意欲的な開発が進められた。それまでの軽四輪車にもないキャビン長を短くしたもので、トラックというより貨客兼用として開発され、デザインにも力を入れた。

くろがねベビー（1959年）
全長2995mm、全幅1280mm、全高1645mm、ホイールベース1750mm、トレッド（前）1070mm（後）1050mm、荷台：長1300mm、幅1170mm、高400mm、最大積載量350kg、車両重量480kg、最高速65km/h、最小回転半径3.9m、エンジン：水冷2気筒WE型356cc、ボア・ストローク62×59mm、圧縮比7.0、最高出力18ps/4500rpm、最大トルク3.3kgm/3400rpm、変速機：前進3段後退1段、タイヤサイズ4.50-12-4P

コニー360・600

軽自動車部門に主力をシフトした愛知機械は、次々とニューモデルを送り出した。初代のコニー360は軽三輪をベースにしている。フロントのガラス面積が大きく、半年後にはライトバンやコニー600などを追加発売している。1962年にモデルチェンジされ、グリルまわりが新しくなり、ボンネットもフラットになった。エンジンは同じだが、足まわりなどは改良が加えられた。さらにキャブオーバートラックが加わり、充実したラインアップとなった。

コニー360AS（1959年）
全長2985mm、全幅1285mm、全高1515mm、ホイールベース1955mm、トレッド（前後）1085mm、荷台：長1160mm、幅1110mm、深さ390mm、最大積載量350kg、最低地上高155mm、最高速78km/h、最小回転半径4.3m、エンジン：強制空冷水平対向2気筒354cc、最高出力19ps/5500rpm、変速機：前進3段後退1段、タイヤサイズ5.50-13-4P

コニー600AF5型（1960年）
全長3345mm、全幅1285mm、全高1530mm、ホイールベース2070mm、トレッド（前）1085mm（後）1075mm、荷台：長1520mm、幅1110mm、深さ390mm、最大積載量500kg、最低地上高155mm、最高速79km/h、最小回転半径4.6m、エンジン：強制空冷水平対向2気筒600cc、最高出力22ps/4500rpm、変速機：前進3段後退1段、タイヤサイズ（前）5.50-13-4P（後）5.00-13-6P

コニー360トラック・360ワイド

コニー360トラック（1962年）
全長2995mm、全幅1300mm、全高1465mm、ホイールベース1970mm、トレッド（前）1120mm（後）1085mm、荷台：長1145mm、幅1110mm、深さ420mm、最大積載量350kg、車両重量520kg、最低地上高165mm、最高速74km/h、最小回転半径4.1m、エンジン：強制空冷水平対向4サイクル2気筒354cc、最高出力19ps、変速機：前進3段後退1段、タイヤサイズ4.50-12-4P

コニー360ワイド（三方開・1965年）
全長2995mm、全幅1295mm、全高1555mm、ホイールベース1680mm、トレッド（前）1110mm（後）1100mm、荷台：長1900mm、幅1200mm、深さ335mm、最大積載量350kg、車両重量510kg、最低地上高145mm、最高速70km/h、最小回転半径3.9m、エンジン：強制空冷水平対向2気筒354cc、最高出力19ps、変速機：前進3段後退1段、タイヤサイズ5.00-10-4P

ホープスターユニカー・OT・OV型

軽三輪の開発と併行して行われた軽四輪では、他のメーカーが乗用車ムードを意識しているのに対して、トラックとしての機能を優先したクルマづくりをしている。ユニカーは1年半ほどでモデルチェンジされOT型となった。これは軽三輪ST型と共通部品を多くしたもので、スタイルなども一新。このOT型をベースにつくられたOV型はキャブオーバータイプで登場。荷台スペースを大きくしている。

ホープスターユニカー（1960年）
全長2995mm、全幅1295mm、全高1490mm、ホイールベース2000mm、トレッド（前後）1070mm、荷台：長1210mm、幅1140mm、深さ405mm、最大積載量350kg、車両重量500kg、最低地上高165mm、最高速70km/h、最小回転半径3.9m、エンジン：強制空冷2気筒360cc、ボア・ストローク60×63mm、圧縮比6.5、最高出力17ps、変速機：前進3段後退1段、タイヤサイズ4.50-12-4P

ホープスターOT型（1961年）
全長2970mm、全幅1288mm、全高1455mm、ホイールベース1980mm、トレッド（前後）1070mm、荷台：長1238mm、幅1169mm、高364mm、最大積載量350kg、車両重量490kg、最低地上高165mm、最高速80km/h、最小回転半径3.9m、エンジン：強制空冷2気筒360cc、ボア・ストローク60×63mm、圧縮比6.8、最高出力17ps、変速機：前進3段後退1段、タイヤサイズ4.50-12-4P

ホープスターOV-2型（1963年）
全長2990mm、全幅1280mm、全高1625mm、荷台：長1680〔1665〕mm、幅1175〔1225〕mm、高360〔300〕mm、最大積載量350kg、車両重量530kg、最低地上高160mm、最高速75km/h、最小回転半径3.9m、エンジン：強制空冷2サイクル2気筒356cc、圧縮比6.5、最高出力17ps、変速機：前進3段後退1段、タイヤサイズ4.50-12-4P
※〔　〕は三方開

ダイハツハイゼット・フェローPU

ダイハツはハイゼットのボンネットタイプのトラック/ライトバンを1960年に、そしてハイゼットキャブのほうは1964年に発売している。この時代では軽自動車部門の商用車では他のメーカーを寄せ付けない強さを発揮していた。

ダイハツハイゼットL35型（1960年）
全長2990mm、全幅1290mm、全高1420mm、ホイールベース1940mm、トレッド（前）1120mm（後）1100mm、荷台：長1075mm、幅1090mm、高385mm、最大積載量350kg、最低地上高160mm、最高速75km/h、最小回転半径4.3m、エンジン：強制空冷直列2サイクル2気筒356cc、最高出力17ps/5000rpm、最大トルク2.8kgm/3000rpm、変速機：前進3段後退1段、タイヤサイズ（前）4.50-12-4P（後）4.50-12-6P

ダイハツハイゼットキャブ（1964年）
全長2990mm、全幅1295mm、全高1620mm、ホイールベース1780mm、トレッド（前）1120mm（後）1100mm、荷台：長1700mm、幅1200mm、高300mm、最大積載量350kg、車両重量550kg、最低地上高150mm、最高速67km/h、最小回転半径3.9m、エンジン：強制空冷直列2気筒356cc、最高出力17ps/5000rpm、最大トルク2.8kgm/3000rpm、変速機：前進3段後退1段、タイヤサイズ4.50-12-4P

ダイハツフェローピックアップ（1966年）
全長2995mm、全幅1295mm、全高1420mm、ホイールベース1940mm、トレッド（前）1110mm（後）1100mm、荷台：長1145mm、幅1120mm、高380mm、最大積載量350kg、車両重量500kg、最低地上高160mm、最高速85km/h、最小回転半径4.3m、エンジン：水冷2サイクル直列2気筒356cc、最高出力23ps/5000rpm、最大トルク3.5kgm/4000rpm、変速機：前進4段後退1段、タイヤサイズ5.00-10-4P

マツダB360

軽自動車部門で乗用車から三輪、四輪と幅広く開発したマツダは、そのエンジンでも他のメーカーにはできないほど多種類にわたって搭載している。キャロルには直4エンジン、商用車はV2だが、B360では乗用車のマツダクーペを改良したエンジンとなっている。

マツダ B360（1961年）
全長2995mm、全幅1295mm、全高1470mm、ホイールベース1985mm、トレッド（前）1080mm（後）1060mm、荷箱：長1100mm、幅1110mm、高425mm、最大積載量350kg、車両重量535kg、最低地上高145mm、最高速67km/h、最小回転半径4.1m、エンジン：強制空冷90度V型2気筒OHV356cc、ボア・ストローク60×63mm、圧縮比7.3、最高出力13ps/4800rpm、最大トルク2.2kgm/3400rpm、変速機：前進3段後退1段、タイヤサイズ5.00-10-4P

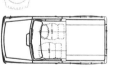

三菱360トラック・ミニキャブ

軽三輪と同じく水島製作所で1955年ごろから開発が進められた。エンジンはレオとは異なり360ccの上限に近いものを開発、ライトバンと一緒にデビュー。乗用車の三菱ミニカは、これをベースとしており、三菱最初の乗用車三菱500は名古屋製作所で開発されたもの。

三菱360LT20型トラック（1960年）
全長2995mm、全幅1295mm、全高1400mm、ホイールベース1900mm、トレッド（前）1100mm（後）1070mm、荷台：長1130mm、幅1060mm、高920mm、積載量350kg、最低地上高160mm、最高速80km/h、最小回転半径3.6m、エンジン：強制空冷2サイクル直列2気筒359cc、ボア・ストローク62×59.6mm、圧縮比8.2、最高出力17ps/4800rpm、最大トルク2.8kgm/3500rpm、変速機：前進4段後退1段、タイヤサイズ5.00-10-4P

三菱ミニキャブ（1966年）
全長2990mm、全幅1295mm、全高1625mm、ホイールベース1790mm、荷台：長1685mm、幅1210mm、高330mm、積載量350kg、最低地上高160mm、最高速85km/h、強制空冷2サイクル直列2気筒359cc、圧縮比7.8、最高出力21ps/5500rpm、最大トルク3.2kgm/3500rpm、変速機：前進4段後退1段、タイヤサイズ5.00-10-4P

163

スズライトキャリイ

軽四輪メーカーとしてはパイオニア的な存在で、1950年代から乗用車やライトバンを市販していた。1961年に登場したスズライトは、乗用車・ライトバンとトラックのスズライトキャリイとがシリーズとして発売された。ただし、セダンとはフレームなどの機構が異なり、1965年にモデルチェンジされてL20型となった。

スズライトキャリイFB型（1961年）

全長2998mm、全幅1298mm、ホイールベース2000mm、トレッド1050mm、（セダン）最高速85km/h、車両重量520kg、（ライトバン）定員3、積載量150kg、最高速70km/h、（ピックアップ）定員2、積載量200kg、車両重量500kg、エンジン：SJKⅡ型空冷2気筒2サイクル360cc、ボア・ストローク59×66mm、圧縮比6.8、最高出力15.1ps/3800rpm、最大トルク3.2kgm/2800rpm、変速機：前進3段後退1段、タイヤサイズ4.00-16-4P

スズライトキャリイL20型（1965年）

全長2990mm、全幅1295mm、全高1550mm、ホイールベース1850mm、トレッド（前後）1110mm、荷台：長1365mm、幅1100mm、高450mm、最大積載量350kg、車両総重量950kg、最低地上高160mm、最高速76km/h、最小回転半径4.2m、エンジン：空冷直列2気筒359cc、ボア・ストローク61×61.5mm、圧縮比6.0、最高出力21ps/5500rpm、最大トルク3.2kgm/3700rpm、変速機：前進4段後退1段、タイヤサイズ4.50-12-6P

スズライトキャリイL30型（1966年）

全長2990mm、全幅1290mm、全高1615mm、ホイールベース1745mm、荷台：長1770mm、幅1210mm、高290mm、最大積載量350kg、車両重量510kg、最低地上高142mm、最高速75km/h、エンジン：空冷直列2気筒359cc、ボア・ストローク61×61.5mm、圧縮比6.9、最高出力21ps/5000rpm、最大トルク3.1kgm/4000rpm、変速機：前進4段後退1段、タイヤサイズ5.00-10-4P

スバル サンバー

1961年2月にサンバートラックがまず発売され、9月にライトバンが加わった。スバル360と同じくRR方式を採用し、エンジンスペースを狭くして荷台を広くしている。1966年にスタイルを一新、エンジン出力も向上している。

**スバルサンバースタンダード
（1961年）**
全長2990mm、全幅1300mm、全高1520mm、ホイールベース1670mm、トレッド（前）1130mm（後）1070mm、荷台：長1432mm、幅1130mm、高380mm、最大積載量350kg、車両総重量855kg、最低地上高195mm、最高速80km/h、最小回転半径3.8m、エンジン：強制空冷2サイクル2気筒356cc、ボア・ストローク61.5×60mm、圧縮比6.5、最高出力18ps/4700rpm、最大トルク3.2kgm/3200rpm、変速機：前進3段後退1段、タイヤサイズ4.50-10-4P

スバルサンバートラック（1961年）
全長2995mm、全幅1295mm、全高1545mm、ホイールベース1750mm、トレッド（前）1120mm（後）1080mm、荷台：長1785mm、幅1185mm、高365mm、最大積載量350kg、車両総重量910kg、最低地上高185mm、最高速85km/h、最小回転半径4m、エンジン：強制空冷2サイクル2気筒EK32型356cc、ボア・ストローク61.5×60mm、圧縮比6.5、最高出力20ps/5000rpm、最大トルク3.2kgm/3000rpm、変速機：前進3段後退1段、タイヤサイズ4.50-10-4P

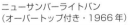

**ニューサンバーライトバン
（オーバートップ付き・1966年）**
全長2995mm、全幅1295mm、全高1535mm、ホイールベース1750mm、車両総重量945kg（4名）最高速85km/h、最小回転半径4.0m、エンジン：強制空冷2サイクル356cc、最高出力20ps/5000rpm、最大トルク3.2kgm/3200rpm

ホンダT360

すべての軽トラックが姿を見せた後に、他を寄せつけないようなホンダT360が登場した。乗用車にも搭載されない高性能エンジンのトラックとして人々を驚かせた。実用性というより遊び心を刺激するホンダの手法は、他のメーカーと異なるイメージを植え付けることに成功している

ホンダT360（1963年）
全長2990mm、全幅1295mm、全高1525mm、ホイールベース2000mm、荷台：長1370mm、幅1165mm、積載量350kg、車両重量610kg、最低地上高160mm、最高速100km/h、最小回転半径4.3m、エンジン：水冷4サイクル4気筒DOHC354cc、ボア・ストローク49×47mm、圧縮比8.5、最高出力30ps/8500rpm、最大トルク2.7kgm/6500rpm、変速機：前進4段後退1段、タイヤサイズ（前）4.50-12-4P（後）4.50-12-6P

ホンダTN360（1967年）
全長2990mm、全幅1295mm、全高1595mm、ホイールベース1780mm、トレッド（前）1120mm（後）1120mm、荷台（内寸）：長1835mm、幅1210mm、高320mm、最大積載量350kg、車両重量500kg、最低地上高180mm、最高速100km/h、最小回転半径3.8m、エンジン：強制空冷4サイクル2気筒並列78°30′前傾OHC354cc、ボア・ストローク62.5×57.8mm、圧縮比8.5、最高出力30ps/8000rpm、最大トルク3.0kgm/5500rpm、変速機：前進4段後退1段

ホンダ ステップバン・バモス

ホンダライフステップバンVA型スタンダード（1972年）
全長2995mm、全幅1205mm、全高1620mm、ホイールベース2080mm、トレッド（前）1130mm（後）1110mm、荷台（内寸）：長1270mm（2人乗）・640mm（4人乗）、幅1100mm、高1135mm、最大積載量300kg（2人乗）・200kg（4人乗）、車両重量605kg、最低地上高165mm、最小回転半径4.4m、エンジン：水冷直列2気筒横置OHC356cc、圧縮比8.8、最高出力30ps/8000rpm、最大トルク2.9kgm/6000rpm、変速機：前進4段後退1段、タイヤサイズ（前後とも）5.00-10-4P

ホンダバモス4（1970年）
全長2995mm、全幅1295mm、全高1655mm、ホイールベース1780mm、トレッド（前）1110mm（後）1120mm、荷台（内寸）：長790mm、幅1150mm、高250mm、積載量200kg、車両重量540kg、最低地上高215mm、最高速90km/h、最小回転半径3.8m、エンジン：強制空冷4サイクル2気筒OHC354cc、ボア・ストローク62.5×57.8mm、圧縮比8.0、最高出力30ps/8000rpm、最大トルク3.0kgm/5500rpm、変速機：前進4段後退1段、タイヤサイズ（前後とも）5.00-10-4P

第5章 1960年代を中心とした

1. 自動車メーカーの再編と車両開発の関係

■貿易自由化を前に強まる圧力

1960年代は、その後の自動車メーカーの方向を大きく決めた10年であった。オート三輪車の衰退やメーカーの撤退など流動的な要素があった後に、実力のあるメーカー同士による新しい競争がくり広げられ、もっとも伸びる小型乗用車部門が主戦場になった。オート三輪車メーカーだったダイハツとマツダも小型乗用車部門で成功しなくては生き残れないと思って力を入れた。

ヨーロッパメーカーと提携して国産化したいすゞ(ヒルマン)と日野(ルノー)は、この経験を生かして自前で乗用車を開発、いすゞはベレルとベレットを開発し、日野はコンテッサをデビューさせて本格的に小型車部門に参入した。

1960年代が始まると、自動車全体の売れ行きが上昇し、どのメーカーも乗用車のために積極的な投資をして新規に工場を建設した。

あわてたのは行政指導をする通産省である。まだ性能的にもコスト的にも欧米の自動車に太刀打ちできない段階なのに、各メーカーが競争したのでは量産してコスト削減を図ることができない。繊維や鉄鋼、電気製品などの輸出が盛んになって、いつまでも乗用車だけ貿易の自由化を遅らせるわけにはいかず、国際的な競争のなかに日本も入らざるを得なくなっていた。そこで、トヨタと日産が集中して量産乗用車をつくることにして、新興メーカーなどには、トラックや特殊車、あるいは軽自動車メーカーとして生きていくように、という意向を示した。

こうした指導と圧力に配慮して、ダイハツとマツダは小型車部門に進

1963年4月22日にトヨタ自動車の本社工場で、トヨエースが生産累計20万台に達し、記念のセレモニーが行われた。1954年9月から販売され9年目になるが、当時としては異例の早さだった。

小型トラックの動向

出するに当たって、まず商用車から発売を開始した。すでに両メーカーともファミリアとコンパーノというセダンの開発を終了しており、この発売を中止する考えは持っていなかった。ホンダが軽トラックに続いてホンダS500を急いで発売したのも、既成事実をつくっておくためで、行政指導によって自由競争が行われなくなることに反発したものだった。どのメーカーも強気に設備投資し、日本の小型自動車の生産設備は過剰気味となった。自動車の場合は、その設備の規模によって生産台数が決まるところがあるから、予想したよりも販売台数が伸びなければ過剰投資となって経営を圧迫する。販売が伸びないところは何らかの手を打たなくてはならない。

1960年代はモータリゼーションの発展が見られたものの、どのメーカーも順調に伸びたわけではない。そこで起こったのがメーカー同士の提携や合併である。

日野自動車は大型トラック部門は好調だったが、コンテッサは次第に販売が落ち込んだ。小型車部門

1961年10月にマツダは2万1057台を販売、三輪車も含めてであるがトヨタや日産を上回り、自動車メーカーとしては最高を記録した。軽乗用車のマツダR360、B360など四輪車が好調で、全体の64.5%を占めた。写真はフル稼働する四輪車組立ライン。

が経営の足を引っ張ったのである。そこで、融資をした銀行が仲立ちをしてトヨタ自動車と提携交渉が進められた。どちらのメーカーも三井銀行がメインだった関係による。しかし、自主性を大切にするトヨタは、日野の小型乗用車コンテッサと小型トラックのブリス

1960年代に完成した日野の小型車を生産する羽村工場の全景。1967年トヨタとの業務提携により、トヨタの小型車の生産工場となる。

1964年9月にダイハツは自動車生産累計100万台を達成した。前年からコンパーノやベルリーナといった乗用車を発売、いよいよ本格的に四輪メーカーとしての足場を固めようとした。

カがトヨタ車と競合関係にあることで提携に難色を示した。何度かの交渉を経て、日野は小型自動車の生産を中止して大型バス・トラックに集中することで、ようやく提携が実現した。

このときの契約で日野ブリスカは、トヨタブランドになり、以後小型車の開発はトヨタで続けることになった。日野の小型車を生産していた羽村工場ではトヨタの小型車をつくることになり、工場の機械設備がフル稼働する保証が得られた。トヨタにしてみれば、新しく工場を建てるより効率が良いことだったから、双方にとってメリットのある提携であった。

トヨタと提携したもう一社がダイハツである。コンパーノという小型自動車を発売し、スポーツカーも開発したものの、ダイハツは将来を考慮すれば自主独立路線を堅持することがむずかしいと判断した。軽自動車で技術力を発揮していたことを評価したトヨタは、ダイハツの意向を受け入れて提携したが、これによりダイハツは小型車部門の充実を図ることがむずかしくなった。その後、軽自動車メーカーに徹するようにトヨタから圧力を掛けられ、小さいクルマが中心となり、現在は完全に子会社化されている。

1967年11月にトヨタ自動車工業とダイハツ工業が業務提携。トヨタ石田退三会長、豊田英二社長、ダイハツ小石雄治社長などが調印して正式に始動した。

プリンス自動車が日産に吸収合併されたのも、1963年に発売したグロリアの販売が思わしくないことが原因のひとつだった。月産1万台規模の村山工場を建設したものの、グロリアとスカイラインの販売台数はその半分に

1962年に完成したプリンスの東京都下・村山工場。先に工場がつくられ、テストコースは後に完成した。1967年に日産と合併してからは工場長も日産から派遣されるようになった。

も満たず、在庫がふくらんだ。戦後の新興メーカーの例として販売体制が弱く、コスト意識も既存のメーカーに比較すると高くなかったことで将来に不安を感じたのである。

そんななかで、トヨタや日産に対抗する意欲を見せたのがマツダであった。その現れがロータリーエンジンの開発である。壁のように立ちはだかるトヨタと日産に対抗するには、個性を発揮してユ

ニークであることを強調しなくてはならないと、未知数であるエンジン技術挑戦に社運をかけたのである。

軽自動車を中心とするのは、スズキ自動車とダイハツだった。他のメーカーも軽自動車の開発は続けたものの、集中したわけではない。乗用車を中心にするのがホンダと富士重工業である。トラックを中心にしたのはいすゞであったが、日野が撤退した後も長く乗用車もつくり続けた。しかし、得意なトラックのようにはいかず、乗用車部門は赤字続きだった。

1965年5月に完成した神奈川県座間市の日産のトラック専用工場。月産1万2000台規模の工場で、63年追浜の乗用車工場に次ぐ大がかりな工場建設となった。

■トラックの棲み分けの進行

1960年代の小型トラックは、大きく二つのタイプに分類できる。ひとつは乗用車をベースにしたピックアップタイプやライトバンなどの貨客兼用車、もうひとつが荷物を運ぶことを主眼としたトラックで、これはボンネットタイプとキャブオーバータイプがある。1960年代の終わりから1970年代にかけてボンネットタイプが少なくなり、キャブオーバータイプが主流になるが、1960年代中盤ごろまではその過渡期でボンネットタイプのトラックもなおざりにされていなかった。

トラックとして使用しながらも、零細企業、特に商業を営む家族経営の場合は、休日にはドライブも楽し

いすゞエルフのキャブ及びフレーム／シャシー構造。乗用車ベースのトラックとは異なり、積載能力を高められるつくりになっている。

いすゞはキャブオーバータイプ(下)のエルフを先に販売、その後に同じエンジンのいすゞエルフィン(上)が登場、1970年代まで生き残ったのはエルフのほうだった。

同じエンジンを搭載するトヨペットダイナ（上）とスタウト。1960年代はキャブオーバータイプのトラックが必ずしも主流ではなかった。

めるクルマのほうが好ましいという層があった。

さらに付け加えれば、乗用車をベースにしたトラックからキャブオーバータイプが1960年代の終わり近くなって登場し、これもトラックのひとつのジャンルとして普及していく。これらはモノコック構造が多く、乗り心地の良さを優先した商用車だった。

ガソリンエンジン車主体だったトラックに、ディーゼルエンジン車が登場するのも1960年代に入ってからである。小型車の場合は、大型に比較するとディーゼルトラックの普及が遅れたのは、経済性にシビアでなかったということもあるが、ディーゼルエンジン開発の経験がないメーカーもあったことなどによる。

日本では、乗用車用にはディーゼルエンジンが好まれないことから、その技術進化はトラックを中心に図られていく。荷物輸送を優先するトラックではガソリンエンジンとディーゼルエンジンとが搭載されていたが、次第にディーゼル車のほうが販売を伸ばしていったのである。

1960年9月に小型自動車の規定が改められ、エンジン排気量が1500cc以下だったものが2000cc以下に引き上げられた。全長は4700mm以下、全幅は1700mm、ホイールベース2700mm以下と車両サイズも少し大きくなっている。性能を向上させたクルマをつくりやすくするためであった。この規定は現在まで続いているものだ。

このときにディーゼルエンジンについても新しい規定になった。それまでは区別なく2000ccまでとなっていたが、同じ排気量で比較すれば、ガソリンエンジンのほうが出力的には有利なので、性能競争をしているなかでは、ディーゼルエンジンを採用することが不利になりかねない。そのため、経済的なディーゼルエンジンの普及を助けるために、小型車の2000cc以下という排気量制限はディーゼルエンジンには適用しないことが決められた。ディーゼルエンジン搭載車の場合は、車両サイズが小型車の枠内になっていればよいことになった。

この規定ができたことで、小型トラックでもディーゼルエンジン搭載が

1963年4月にいすゞ藤沢工場でエルフの生産5万台目がラインオフ、4年目の記録である。

小型トラック
エルフ エルフィン
★50,000台目

促された。ランニングコストでは燃料代が節約できる利点があるが、燃料噴射ポンプなど価格の高い部品を使用し、振動などに対処するためにシリンダーブロックなどを頑丈につくる必要があるのでコストがかかる。そのためディーゼルエンジン車は、ガソリンエンジン車よりも車両価格が高めに設定される。それでも走行距離が多ければ有利となる。ガソリン車に比較して燃料代は半分近くですむことになるからだ。

2. トラックメーカーの強みを発揮したいすゞと三菱

■ディーゼルエンジンで成功したいすゞエルフ

　トラックメーカーとしての強みを発揮して、小型トラックで成功したのはいすゞである。
　戦後に中型トラックをディーゼル化して売り上げを伸ばしたいすゞは、トラックの分野ではトップメーカーになっていた。1950年代の初めは、企業の業績もトヨタや日産よりも好調で、小型乗用車部門にも積極的に参入、ベレルとベレットを市販するが、それより先に市場投入されたのが小型トラックのエルフである。キャブオーバータイプの小型トラックで、誕生したのは1959年8月、小型トラック部門が活況を呈する状況になった時期である。

　デビューしたときは、ヒルマン用の1390cc直列4気筒ガソリンエンジンを1500ccまで大きくして搭載している。エルフは最初からキャブオーバータイプで、発表の段階から標準車、高床荷台車、ルートバンなど9車種をそろえた。キャブを短くして荷台スペースを優先させる設計はお手のもので、小型車の特性を生かして小回りの良さも配慮されていた。乗降性を良くするためにドアは前開きになっており、フロントガラスも大きくしていた。長年のトラック開発技術が生かされたのである。

　小型トラック用ディーゼルの開発も早くから進められた。多くのメーカーがガソリンエンジンを搭載するのが当然と考えていた時代であるが、戦前から経済性を重視するディーゼルエンジンに取り組んでいたいすゞは、メーカーとしての特徴を出そうとした。

初代エルフに搭載されたディーゼルエンジン（上）とガソリンエンジン。52馬力のディーゼルエンジンは2リッター、60馬力のガソリンエンジンは1.5リッター。ただし最大トルクはディーゼルが12kgm/2000rpmでガソリンの11kgm/2000rpmを上回っている。エンジン重量はディーゼル176kg、ガソリン147kg。

2トン積みエルフはホイールベースは2180mm
と2460mmとあり、標準トラックのほかに高床、
ルートバン、パネルバンなどを揃えている。

　1957年6月から設計が始められたディーゼルエ
ンジンは、3400回転で46馬力、トルクは11kgmを
確保するという開発目標が設定された。当初は
1500ccエンジンから始めたが、途中から2000ccエ
ンジンとしている。参考にしたのはベンツ1800cc
ディーゼルであった。

　当時のいすゞディーゼルは、予燃焼室式燃焼
室を採用しており、この場合も予燃焼室式とし
て各種のトラブルを克服して、目標を大きく上
まわる52ps/3200rpmのエンジンが完成した。この
ディーゼルエンジンがエルフに搭載されたの
は、1960年4月、日本初の小型キャブオーバー型
ディーゼルトラックであった。

　当初、ディーゼルエンジンを搭載したエルフ
は、エンジン排気量が1500ccを超えていたので普通車に分類された。しかし、この年の
9月から規定が改定されて小型車になり、いすゞにとってこれが追い風となった。

　発売当初は、小型車でディーゼルエンジンが受け入れられるかいすゞでも不安を持って
いたが、経済性の良さが注目されて、シェアがガソリンエンジン車を上まわり、その後
も、ディーゼルエンジン車の売れ行きが好調だった。1961年にはディーゼル車の割合が80
％を超えるまでになった。それまでのいすゞでは6〜8トン積みの中大型トラックが主力で
あったが、1961年になると、エルフのほうが販売台数で上まわった。この年のエルフの販
売は48000台弱で、いすゞのシェアは26.3％となっている。

　1962年にはエルフは年産62000台を超え、シェアは27.2％となり、いすゞのドル箱と

乗用車ベレットをベースにしたいすゞワスプ。フロ
ントサスペンションはウイッシュボーンタイプで、
1.3リッターガソリンと1.8リッターディーゼルエン
ジンとある。全長4095mm、全幅1525mm、
全高1615mm、ホイールベース2500mm、積載
量1トン。重量1100kg（ガソリン車1040kg）。
最高速104km/h（ガソリン車116km/h）。

なった。

エルフに続いて、これをボンネットタイプにしたいすゞエルフィンが、1961年2月に発売されている。キャブオーバータイプがあとから出てくるのが普通だが、逆になっているところがいかにもトラック中心のいすゞらしいところだ。1750kg積みでエルフと同じディーゼルエンジンとガソリンエンジン車が用意された。

さらに、ひとまわりエルフィンより小さいベレットをベースにしたボンネット型トラックのいすゞワスプが1963年秋に発売された。これに搭載するディーゼルエンジンは1800ccとして50ps/4000rpmの性能であった。しかし、ボンネット型トラックは他のメーカーのものに太刀打ちできず、やがていすゞの小型トラックはエルフシリーズに一本化されていく。ちなみにベレルやベレットなどの乗用車の場合は、ディーゼル特有の振動と騒音がマイナス要因となり、ディーゼルエンジン車は全く人気がなかった。

■いすゞディーゼルエンジンの改良プロセス

順調に売り上げを伸ばすエルフは、1963年までに出たトラブルを解決して、いすゞを代表する車種になった。最初に問題になったのは過積載によるサスペンションなどの損傷だった。大型トラックではとうの昔に解決している問題であったが、エルフは長距離走行に使用される率が高いことも影響していた。

1960年代は道路の整備も進み、高速走行に耐えられるものにすることが重要になってきた。エルフディーゼル車の好調な売れ行きに他のメーカーも、ディーゼルエンジンを搭載するトラックに力を入れた。対抗していすゞでは、それまでの2リッターエンジンのストロークを伸ばして2.2リッターにしたC220型62ps/3600rpmエンジンに切り替えた。このときに、クランクシャフトの強化が図られた。さらに、その後も改良によって、エンジンの耐久性を高めている。

エルフは1968年にモデルチェンジされるが、そのときにエンジンも大幅に改良されている。高速道路網の整備などで高速巡行走行に耐えられるディーゼルエンジンにする必要性が高まったのである。しかし、燃焼などで優れている予燃焼室式は、大型ディーゼルエンジン向きで、小型エンジンでは高性能にすることがむずかしい。そこで、振動騒音や燃費

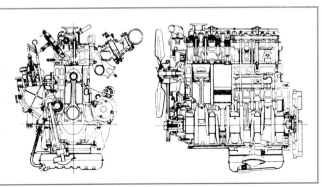

それまでの予燃焼室式から新しく渦流式燃焼室となったいすゞC221型ディーゼルエンジン。ボア・ストローク83×102mm、2207ccで最高出力65ps/3800rpm、最大トルク14.2kgm/2000rpmだった。1968年に登場している。

などでも優れた機構である渦流室式燃焼室にすることになった。ガスケットやクランクシャフトの改良と合わせて、生産設備もかなり新設しなくてはならないものだった。

　開発に当たっては、イギリスのエンジンコンサルタントとして実績のあるリカード社と技術契約して指導を仰いだ。このときの主要な改良点は、渦流室式の採用のほかに、クランクシャフトを3ベアリングから5ベアリングにする、シリンダーヘッドボルトを1気筒当たり4本から7本にする、シリンダーヘッドのバルブまわりに加工による水路を設置するなどであった。このC221型エンジンは、65ps/3800rpmとなったが、性能向上もさることながら振動騒音の改善、出力の伸び、耐久信頼性の向上などにより、ユーザーの期待に応えることができたのである。その後は、1969年にはボアアップにより2369ccにして74ps/3800rpmの性能にしている。

■三菱の小型トラックの動向

　1960年代に入るころの三菱は、まだ小型乗用車は本格的に市場に出しておらず、三菱の小型トラック部門への進出は、いすゞ同様に乗用車ベースのトラックではなく、最初から純トラックとして開発されたものが中心だった。

　三菱重工業が自動車部門を切り離して三菱自動車が誕生するのは1970年であるが、その前からオート三輪車は水島製作所、乗用車は名古屋製作所、そして大型バス・トラックは川崎製作所と分担して開発と生産をしていた。

　オート三輪車の衰退により、水島製作所は四輪トラックの分野に進出するに当たって、三菱としての特徴を出さなくてはならなかった。そこで、トヨタや日産のトラックと競合しなくて、上の4〜5トンクラスとの中間に位置するニッチな領域として、2.5〜3トンクラスのボンネット型トラックに狙いを定めた。

　1955年ころ企画が立てられ、1957年から本格開発が始まった。これが1959年12月に発表された三菱ジュピターである。直列4気筒2199cc61馬力のKE31型ディーゼルエンジンと、同じ排気量の70馬力ガソリンエンジンJH4型が京都製作所で開発され搭載された。ディーゼルエンジン車は2トンと2.5トン積みである。このディーゼルエンジンはパワーアップが図られ、直列6気筒3299cc85馬力KE36型の3.5トン積みが加わった。

2トン・2.5トン積みの三菱ジュピター。中型トラックよりひとまわり小さい普通トラックとして開発されたもの。高床であるがタイヤハウスがないので荷役が楽になる。荷台長は3mを超えている。

　ジュピターは全長5400mmとなっており、小型車より大きいサイズであった。スタイルや印象も普通車であり、発売すると積載量の大きい方が売れ行きが良かった。しかし、1962年にオート三輪車の生産を中止すると、そのユーザーたちは必ずしもジュピターに乗り換えるわけではなく、他のメーカーの小型トラックを選ぶ人たちが多かった。

　こうした人たちを取り込むために、三菱水島製作所では、ひとまわり小さいトラックを

つくることになった。これが、1963年4月から売り出された2トン積みジュピタージュニアである。同じくボンネット型でスタイリングなどは乗用車的なイメージにした。エンジンはガソリンとディーゼルが用意され、排気量はともに1996cc水冷4ストローク直列4気筒で、ディーゼルは70馬力、ガソリンは90馬力、前輪はウイッシュボーン式独立懸架、フレームやシャシーは頑丈につくられていた。

発売当初は比較的販売も順調だったが、小型車も次第にキャブオーバータイプが主流になってきたこともあって伸び悩んだ。

小型トラックの本命ともいうべきキャブオーバータイプのトラックが三菱から発売されるのは、1963年3月、ジュピタージュニアと同時期の

1963年春に登場した三菱キャンター。ジュピターシリーズは水島製作所で開発されたが、キャンターは三菱川崎製作所で中型トラックとともに開発された。

ことであるが、こちらはバス・トラックを生産している三菱ふそうブランドの川崎製作所によって開発されたものである。

10トン積み大型トラックが伸びて、どのメーカーも大型中心になった状況のなかで、中型トラックに目を付けて4トン積みトラックを開発することになり、それとセットで2トン積みも同時につくることになったのである。このときに登場した中型のふそうT620型トラックは、みごとに企画が当たってヒット製品となり、後のモデルチェンジでふそうファイターとなる。

2トン積みキャブオーバー型ふそうトラックはキャンターと名付けられ、搭載されるディーゼルエンジンは、T620型とともに川崎製作所で開発された。エンジンは水冷直列4気筒、1986cc68ps/42000rpm、トルクは13.8kgmである。当初から低床荷台と高床荷台を用意し、その後ダンプカーや長尺荷台仕様を追加している。

1960年中盤になって、三菱重工業では、自動車事業の体質強化を図るために各事業所の車種の見直しや集約などの合理化を進めた。各事業所ごとに出される企画は三菱重工業のトップによる認可を必要としていたが、結果として各事業所間で似たようなクラスのものをつくるなどムダな部分も多く見られたのだ。

これにより、川崎製作所でつくられた小型トラックのキャンターは、水島製作所に移管され、中大型は川崎、小型は水島と棲み分けられることになった。ジュピター及びジュピタージュニアが伸び悩んでいることから、キャンターは小型部門での三菱の中心車種とし

コルト1000をベースにしてつくられたコルトトラック。これは三菱名古屋製作所で開発された。1967年に登場、エンジンは水冷4気筒58馬力だった。

177

コルトトラックをベースにしたキャブオーバータイプ車デリカは1968年7月に発売された。1000ccクラスとしては600kgと積載量は多い方で、乗用車をベースとしたキャブオーバートラックとしては先鞭をつけるものだった。最高出力58ps/6000rpm、最大トルク8.2kgm/3800rpm、定員3名、荷台は長さ2235×幅1430×高360mmとなっている。

て、1968年にはモデルチェンジが図られた。エンジンは川崎製作所で開発されたものを2384ccまで大きくして75馬力とした。シャシーなどは一クラス上のジュピター用のものを使用するなど耐久性の向上が図られた。

90馬力／95馬力のガソリンエンジンも搭載された。さらに、1970年にはディーゼルエンジンは2659cc80馬力になった。このクラスのトラックとしては常に高性能なエンジンにする努力が払われた。

ボンネットタイプのジュピターシリーズは1970年に生産中止となり、小型トラックはキャンターに絞られ、1969年にはこのクラスのシェアはようやく10％に達した。

加えて、三菱小型トラックのひとつに1967年11月に発売したコルトトラックがある。このころには、三菱でも1000ccクラスの乗用車が登場するようになり、コルト1000Fをベースにしたピックアップタイプである。直列4気筒1088cc58馬力エンジンで、500kg積みである。コルトのスタイルを引きついだものだが、トラックのほうがスマートに見えるくらいだった。

コルトトラックをベースにしたキャブオーバートラックが1968年7月に登場するデリカである。このクラスとしては荷台スペースを大きくした3人乗りである。1969年4月にはデリカライトバンとデリカルートバンがバリエーションに加えられ、ワンボックスカーのRVの走りともいえるもので、売り上げを伸ばしていった。

3. マツダとダイハツの車両開発

■意欲的に新モデルを登場させたマツダの東洋工業

1960年代のマツダはロータリーエンジンで話題となったが、ガソリンエンジンでもディーゼルエンジンでも健闘し、いろいろなタイプのトラックを出している。

オート三輪車に代わる四輪小型トラックとして発売したD1100とD1500は、1962年にそれぞれ1484cc60馬力エンジンと1985cc81馬力エンジンに換装されてD1500とD2000になり、D2000が1964年にモデルチェンジされてE2000型となった。D2000用のエンジンを引き続き搭載、スタイルはセミキャブオーバータイプからフルキャブオーバー型になり、荷台スペースの増大が図られ耐久性を確保するなど、オート三輪車で培った経験が生かされた。荷台長さ4097mmという長尺車もバリエーションに加えられている。2トン積みでも全長が小型車枠を超えれば普通車になるが、ユーザーの要求に応えたものである。

ひとまわり小さいD1500のほうは、1965年にモデルチェンジされてクラフトという名称

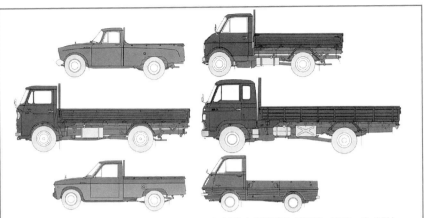

1960年代のマツダの小型・普通トラックのラインアップ。左列上からB1500、E2000、プロシード、右列上からクラフト、ボクサー、ボンゴトラック。D1500がモデルチェンジされてクラフトとなり、B1500トラックがプロシードになっている。1969年に登場したボクサーはマツダの最上級トラックで3.5～4トン積みである。

となった。1トン積みと1.5トン積みがあり、ヘッドライトは4灯式になっている。

E2000に直列4気筒2522cc77ps/3600rpmのディーゼルエンジン（最大トルク17kgm/2200rpm）が搭載されてE2500として発売されたのは1967年1月。エンジンはイギリスのディーゼルエンジンメーカーであるパーキンス社と技術提携して開発したものであった。多くのメーカーがディーゼルエンジンを開発していることから、外貨を使用する技術提携には圧力も掛けられ、予想より開発のスタートが遅れたものの、渦流室式燃焼室でボッシュVM分配型燃料噴射ポンプを採用した小型ディーゼルエンジンとして完成した。

これを直列6気筒にした3783cc110馬力、25kgmのトルクのエンジンにしてキャブオーバー型4トン積み中型トラックのボクサーが1969年10月に市販されている。ボディもE2000

ファミリアシリーズに1964年にファミリアトラックが加わった。これはファミリアライトバンをベースにしたもので、800ccエンジンを搭載する。

1966年5月に発売されたマツダボンゴシリーズ。乗用車をベースにしたキャブオーバートラックとしては最初のもので、リアエンジン・リアドライブ方式を採用、ビジネスからレジャーまで使用されることを想定して開発された。エンジンはファミリア800ccを使用。トラックはスタンダード38.5万円、デラックス42万円。最高出力37ps/5000rpm、最大トルク6.3kgm/3000rpm。

をベースにして大きくしたもので、長距離輸送を想定してつくられた。

これに、乗用車ベースのトラックが加わった。1963年に発売したマツダファミリアシリーズとして1964年12月にファミリアトラックが発売された。

1966年5月にはRR方式のキャブオーバータイプのマツダボンゴが誕生している。ファミリア800のエンジンをベースに低速トルクを重視した仕様にして搭載、マツダ最初の大衆車クラスのキャブオーバートラック／バンであった。ボンゴバンの後席ドアはスライド式になっており、超低床荷台にしている。1968年には987ccの48馬力エンジンを搭載するトラックがシリーズに加えられた。

マツダでは、ファミリアや小型トラックの売れ行きが好調で増産体制がとられたが、小型車部門を優先して、軽自動車部門の生産が抑制されるほどだった。

■順調とは行かなかったダイハツの小型トラックの動向

ダイハツとマツダは、オート三輪と軽三輪自動車の分野ではライバルとして他のメーカーを圧倒する売れ行きで成長し、業界トップとして主導権をとって活動することが可能だった。しかし、小型四輪部門に主力をシフトすると、そうはいかなくなった。

ここで、ダイハツとマツダは車両企画などで違う道を歩み始めることになる。マツダは、ロータリーエンジンやディーゼルの技術提携などを図り、トヨタと日産に挑戦して行く道を選択し、積極的な戦略を打ち出した。ワンマン社長である松田恒次が率先して方向を示し行動したのに対して、ダイハツの方は、技術優先で組織的に

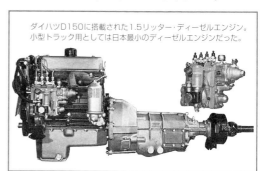

ダイハツD150に搭載された1.5リッター・ディーゼルエンジン。小型トラック用としては日本最小のディーゼルエンジンだった。

1966年ごろのダイハツの全生産車。オート三輪車やミゼットも生産されており、小型と軽自動車に特化している。

ダイハツF175はD150型と同じ1960年夏に
発売されたボンネットタイプで、ガソリンエンジ
ンであることを除けば同じ機構である。D150が
1.5トン積みなのに対して1.75トン積みである。

1965年10月に登場したダイハツベルリーナをベースにしたコン
パーノトラック。全長3935mm、全幅1425mm、全高1470mm、
ホイールベース2400mm、エンジンは797cc41馬力、500kg
積み、車両重量730kg、乗用車ムードあふれることが強調された。

活動する伝統があり、着実に前進していく手法
だった。

　ダイハツが小型四輪車の開発で技術的に遅れを
とるようなことはなかったものの、すでにこの部
門で基盤を固めているトヨタと日産という大きな
壁を突破するには、強力な個性をアピールする必
要があったが、それは簡単なことではなかった。

　小型用ディーゼルエンジンを搭載したトラック
D150をいすゞに次いで1961年2月に出している。
1484cc水冷4サイクルOHV型の渦流室式ディーゼルは40ps/3800rpm、トルク8.7kgm/
2400rpmであった。排気量が小さいのは小型車枠内にしたからで、長いあいだ鉄道関係
などでディーゼルエンジン技術を蓄積していたダイハツは、こうしたディーゼルエンジ
ンの開発能力を持っていたのだ。惜しむらくは、ダイハツD150がボンネットタイプであっ
たことだ。

　1958年に発売されたキャブオーバータイプのベスタは1962年には直列4気筒1490cc68馬力
にしてダイハツV200となり、その後1900cc85馬力エンジンを搭載している。

　ボンネットタイプのトラックであるハイラインは1962年8月に登場している。ロングボ
ディ車は新しい小型車の車両サイズいっぱいの大きさにして、エンジンは1490cc68馬力、
1トン積み、サスペンションはリアはリーフリジッドであるが、フロントはトーション
バーを使用したウイッシュボーンタイプであった。輸送を優先したトラックというより乗
用車ムードを持ったものとしている。

　1963年1月に登場したダイハツニューラインは、乗用車コンパーノの露払いをしたト
ラックである。4か月後にコンパーノバンを発売、その1か月後にコンパーノが登場してい
る。ニューラインは800cc41馬力エンジンを始めコンパーノと共通部品を使用し500kg積み
で、その後同じタイプのコンパーノトラックも市販している。

　小型乗用車を発売した1963年には、ダイハツの販売が軽自動車より小型車が上まわっ
た。ミゼットも販売を続けており、ハイゼットも好調であったが、小型四輪車の伸びが著
しかったのである。しかし、伸び率で見れば、他の有力メーカーには及ばなかった。

181

ダイハツの主力は、この後800～1000ccクラスの乗用車となり、コンバーチブルも出し、日本グランプリレースにも力を入れた。しかし、競争がもっとも激しいクラスの小型車部門で苦戦が免れず、軽自動車に力を注ぐことになった。

　1967年11月にトヨタ自動車と業務提携して、1969年からトヨタのパブリカを受託生産するようになる。1966年に市販したダイハツ初の軽乗用車フェローの販売も好調で、1968年にモデルチェンジされたハイゼットとともにダイハツを支えた。

4. 業界をリードする日産とトヨタ

■日産及びプリンスの小型トラックの動向

　1960年代の日産の小型トラックは、ボンネットタイプのジュニア、キャブオーバータイプのキャブオール、キャブライト/キャブスター、それに乗用車の派生タイプのダットサントラック、サニートラックがあった。プリンスは、ボンネットタイプのマイラー・ニューマイラー、キャブオーバータイプのクリッパー、ホーマーであるが、このうちホーマーが新モデルとして1964年9月に登場している。

　プリンスのトラックは、いずれも乗用車用と同じガソリンエンジンが搭載されており、1960年代には小型車規格の改訂にともなってエンジンを大きくし、スタイルを新しくしている。同時に時代の変化に合わせてバリエーションを増やしていった。

　日産では、主力トラックのひとつである2トン積みキャブオールに1964年2月に2164cc60馬力の直列4気筒ディーゼルエンジンを搭載した。この渦流室式燃焼室を持つエンジンは、日産ディーゼルによって開発されたSD22型である。1966年8月にモデルチェンジされC240型となり、フレームなども新設計され、頑丈でありながら乗り心地にも配慮された

左・1963年にモデルチェンジされてスタイルが一新されたプリンスクリッパー。2トン積みでエンジンも初代グロリアと同じ1900cc91馬力となった。

左下・ボンネットタイプのマイラーも、1.25トン積みのライトマイラーと1.75トン積みのスーパーマイラーとなった。1500cc70馬力、1900cc91馬力である。両方とも乗用車と同じエンジンである。

下・クリッパーよりひとまわり小さいプリンスのキャブオーバートラックのホーマー。クリッパーと異なり前輪は独立懸架として乗り心地にも配慮した1.25トン積み。最小回転半径も4.8mと小回りが利いた。

1965年ごろの日産自動車のラインアップ。3列目からがトラックで、手前からダットサントラックやキャブライト、ニッサンジュニアなどが並び、次の列にニッサンキャブオールが並ぶ。

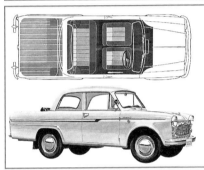

ダットサンピックアップトラック（左）とダットサントラック。当初は違いが明確だったが、この手のピックアップが姿を消してダットサントラックがピックアップと称されるようになる。

ものになった。ガソリンエンジン車は92馬力の1982cc直列4気筒H20型を搭載、このエンジンはセドリック用に開発されたものであるが、セドリックに新開発のエンジンを搭載するに当たって、トラック用となったものである。このエンジンは1967年10月からプリンス系のクリッパーにも搭載された。

　ボンネットタイプの日産ジュニアにも同じSD22型ディーゼルエンジンが搭載されたが、販売が伸びずに、1970年には同じボンネットタイプのプリンスマイラーとの統合が図られた。これは日産とプリンスの合併による統合車の第一号であった。

SD22型ディーゼルエンジン。4気筒H19型ガソリンエンジンのシリンダーブロックを強化し、日産ディーゼルで開発された。4サイクル直列4気筒、ボア・ストローク83×100mm、2164cc、最高出力60ps/3600rpm、最大トルク12.2kgm/1800rpm。右の日産ジュニアにも搭載されたが、プリンスとの合併でマイラーと統合された。

ニッサンC80型トラック。1965年に登場した3～3.5トン積みトラック。中型クラスと小型トラックの中間車種として誕生。全長6115mm、全幅2115mm、全高2140mm、ホイールベース3550mm、地上高210mm。エンジンはガソリン仕様が3リッター120ps、ディーゼル仕様が3.3リッター98psとなっている。

　ひとまわり小さいキャブオーバートラックのダットサンキャブライトはトヨエースの陰に隠れて販売が伸びなかったため、1964年3月に内外装を一新してモデルチェンジを実施した。エンジンも1046ccから1136ccに換装されたが、依然として低迷を続けた。1968年10月に、イメージの一新を図るためにキャブスターという名称に改められた。このクラスのキャブオーバートラックとしてはホーマーのほうが好評で、1968年には1565cc56馬力のR型エンジンが搭載され、1.2トン積みに1.5トン積みが加わった。

　日産のなかで特徴のあるのは乗用車をベースにしたダットサントラックである。ブルーバードのモデルチェンジのタイミングで新しくなっている。ブルーバードは310型が1959年7月に登場、これにともなってトラックは320型とされたが、1963年のモデルで410型が登場したときに縁起を担いで420型とはならずに520型と称され、510型の登場のときに521型となっている。

　当初予想もしなかったのは、ダットサントラックがアメリカ輸出で乗用車以上に人気になったことだ。日本では、このころは乗用車のトランク部分を剥き出しにしたものがピックアップトラックと称して、荷台のあるトラックとは区別されていた。しかし、アメリカでは荷物が積めることが重要でトラックタイプは個人の需要が活発であった。そのために、アメリカからの要求に応えて充実した内容になった。ダットサントラックは、乗用車的に乗れるトラックとして、このクラスで他を完全に圧倒した。1966年10月にはロングボディ車やデラックス仕様も追加された。

　1967年2月に発売されたサニートラックB20型も同様の狙いであった。500kg積み2人乗り、サニーセダンと同じ1000cc56馬力エンジンを搭載、1969年にはマツダのボンゴや三菱のデリカ、トヨタのミニエースに続いて600kg積みのキャブオーバータイプも登場している。このサニーキャブC20型は傘下になったコニー系のディーラーを通じて販売された。また、チェリー系のディーラーではチェリーキャブという名称になった。

■日野自動車の車両開発

　ルノーを国産化した経験を生かして、日野自動車では同じRR方式の乗用車のコンテッサを1961年4月に発売した。このときに登場したのがブリスカというボンネットタイプのトラックである。エンジンは日野が独自に開発した893cc直列4気筒の35馬力で、コンテッサと共通のガソリンエンジンである。ブリスカはFR方式でハシゴ型フレームを持ったもので、骨格などの機構はコンテッサとは異なるものである。トラックの経験を生かし、乗

用車をベースとしたトラックでありながらタフさも兼ね備えた狙いがある。コンパクトサイズでありながら3人乗りとしたのは、ホイールアーチを小さくしてシート幅を確保したからである。ボンネット型を選択したのは、市場調査した結果、トラックといえども休日には行楽に行けるもののほうが需要がありそうだと判断したからだ。

日野のブリスカ。コンテッサをベースにしており、900ccエンジンを搭載する。コンテッサのモデルチェンジの後にはスタイルも一新して1300ccエンジンとなった。

　販売では成功とはいえなかったが、面白い企画だったのが日野コンマースである。FFワンボックスタイプの多用途車で、マイクロバスにもライトバンにもなる。バスでは10人乗り、ライトバンでは2人乗り500kg積みである。モノコック構造で、サスペンションのスプリングは前がトーションバー、後がリーフを横置きに配置した独立懸架となっている。エンジンは836cc28馬力で、室内が広く、ガラス面積が大きくスタイルもしゃれたものになっていて、ルノーとの提携が生かされたものである。

　コンマースのほうは姿を消す運命にあったが、ブリスカのほうはトヨタとの提携で、その後の開発は日野からトヨタに引き継がれた。

■豊富な車種展開で王座をキープするトヨタトラック

　トヨタは、トヨエースという、小型トラックでは絶対的な強みを持つ車種があり、1960年代には、乗用車同様に小型トラックでも、きめ細かく、それぞれのクラスやタイプの車種をまんべんなく揃えた。

　トヨエースは、コロナと同じように時代とともにパワーのあるエンジンを搭載して進化が図られている。1000ccのS型から始まり、1198ccの2P型、そして1490ccの2R型になっている。1960年代になってからは、好調な販売を背景にして、車両バリエーションが豊富になり、他のメーカーが追随することができないほどだった。

1965年当時のトヨタの主要生産車。それぞれの車種の代表のみが並んでいる。一列目乗用車、二列目ライトバンなど及びピックアップトラック、三列目がランドクルーザーとマイクロバスを含んだ小型トラック群。

1トン、1.25トン、1.5トン積みがあり、標準型のほか荷台は高床三方開きダブルキャブ、深荷台幌付き、パネルバン、シャッターバン、そして保冷車が揃えられた。他のメーカーが先進的なサスペンションを採用しても、前後ともリーフリジッドのままで、フレームなどの基本骨格も改良で対応、手堅く実用性に徹するスタンスにぶれがなかったのだ。トップメーカーの強みであった。

当初はトヨペットルートトラックとして発売されたセミキャブオーバートラックはダイナに、トヨペットトラックといわれたボンネットタイプトラックはスタウトという名称に改められた。

トヨタ車好評のもとにもなったトヨエース。ベストセラーカーとなっている。

スタウトは1960年7月にモデルチェンジされてRK45型になる。ダイナは1963年3月に同じくRK170型として新しくなった。ともにエンジンは1453ccR型である。当初は60馬力で

パブリカシリーズのパブリカトラック。

トヨタパブリカトラック
全長3585mm、全幅1415mm、全高1385mm、ホイールベース2130mm、トレッド(前)1203mm(後)1160mm、荷台:長1270mm、幅1145mm、高385mm、最大積載量400kg、車両総重量1105kg、最高速100km/h、最小回転半径4.35m、エンジン:空冷水平対向2気筒697cc、ボア・ストローク78×73mm、圧縮比8.0、最高出力32ps/4600rpm、最大トルク5.6kgm/3000rpm、変速機:前進4段後退1段、タイヤサイズ5.00-12-4P

トヨタミニエース UP100
全長3480mm、全幅1380mm、全高1580mm、ホイールベース1950mm、荷台（内寸）：長1920mm、幅1255mm、高275mm、最大積載量500kg、車両重量600kg、最低地上高150mm、最高速110km/h、最小回転半径3.9m、エンジン：空冷4サイクル水平対向2気筒790cc、圧縮比8.2、最高出力36ps/4600rpm、最大トルク6.3kgm/3000rpm、変速機：前進4段後退1段、タイヤサイズ（前）5.00-10-4P（後）5.00-10-6P

あるが、改良が加えられてパワーアップが図られている。スタウトは3人乗り1.75トン積みが標準で長距離輸送にも耐えられるようになっており、スタウトは乗用車ムードを前面に出してトラックの最高級車であることをアピールしている。

トヨタの場合はディーゼルエンジンも自主開発、1959年に乗用車のクラウンに搭載したものをベースにC型エンジンとしてトラックに搭載された。

トヨタの新しい車種として登場したハイエース。ボンネットタイプのトラックに代わる乗用車ムードを持ったキャブオーバータイプのマルチパーパス車として人気を得た。

乗用車からの派生としてはパブリカトラックがある。車両重量595kgと軽量で400kg積み、697cc32馬力、1960年代に登場したトヨタの大衆車として開発されたパブリカのバリエーションとしてつくられたもので、これをキャブオーバー型としたのが1967年10月発売のミニエースである。

同じ時期にハイエースも発売されている。これはデリバリーバンといわれたワンボックスカーで、商用車の新しいタイプとして最初から貨客兼用車として企画されたものである。前輪は独立懸架にして、リアドアはスライド式になっている。エンジンはトヨエースと同じ2R型が搭載され、荷台スペースも極力大きくなるように配慮されている。細部にわたるつくり込みで定評のあるトヨタの手法が発揮されているものだ。ライトエースなどとともに、後のワンボックスRVに発展するクルマである。

もう一つの新モデルが1968年3月に登場したハイラックスで、サイズ的にはダットサントラックと同じである。日産のダットサントラックに相当するピックアップトラックを持っていなかったトヨタが、満を持して開発したものである。

アメリカへの輸出を意識したもので、乗用車のように快適でありながらタフなクルマにしているのが新しいところだ。後発であるから、本来なら両立がむずかしい乗用車の持つ乗り心地と荷物を積んでもへこたれない悪路を含めた走破性を確保することが、アメリカで受けるコツであった。

いすゞエルフ

1960年代のトラックを象徴する一台がいすゞエルフである。1959年に発表されたが、いすゞらしいディーゼルエンジンを搭載したのは1960年3月のことで、ここから快進撃が始まる。ボンネットタイプのエルフィンの登場は1961年1月、さらに1963年6月にはベレットと同時にそのトラック版であるワスプが発表される。1960年代はいすゞがもっとも多くの車種を市場に投入した時代である。そのなかで最大の成功はエルフであった。1967年にはひとまわり小さい1.25トン積みライトエルフがシリーズに加わった。エルフは1968年にモデルチェンジされてTL型からTLD型になる。このときにディーゼルエンジンも大幅に改良されている。

いすゞエルフ・ディーゼルTL121型

全長4275〔4690〕mm、全幅1690〔1694〕mm、全高1985mm、ホイールベース2180〔2460〕mm、トレッド（前）1380mm（後）1380mm、荷台（内寸）：長2600〔3020〕mm、幅1580〔1560〕mm、高450〔380〕mm、最大積載量2000kg、車両総重量3625〔3725〕kg、最低地上高195mm、最高速78km/h、最小回転半径4.8〔5.23〕m、エンジン：DL200型水冷4サイクル直列4気筒予燃焼室式1999cc、ボア・ストローク79×102mm、圧縮比21、最高出力52ps/3600rpm、最大トルク12kgm/2000rpm、変速機：前進4段後退1段、タイヤサイズ（前）7.00-15-6P（後）7.00-15-12P ※〔 〕内は高床TL151-2型

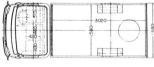

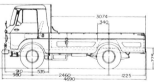

いすゞエルフ・エルフィン

いすゞエルフTLD62型（1968年）

全長4690mm、全幅1695mm、全高1990mm、ホイールベース2460mm、トレッド（前）1385mm（後）1395〔1425〕mm、荷台（内寸）：長3100mm、幅1600〔1870〕mm、高380mm、最大積載量2000kg、車両重量1895kg、最低地上高190mm、乗車定員3名、最高速85km/h、最小回転半径5.3m、エンジン：C221型4気筒渦流室式2207cc、ボア・ストローク83×102mm、最高出力65ps/3800rpm、最大トルク14.2kgm/2000rpm、変速機：前進4段後退1段、タイヤサイズ（前）7.00-15-8P、（後）7.50-15-6Pダブルタイヤ

いすゞエルフィンTK351型

全長4690mm、全幅1690〔1695〕mm、全高1865〔1845〕mm、ホイールベース2800mm、トレッド（前）1380mm（後）1380mm、荷台（内寸）：長2360〔2310〕mm、幅1590〔1560〕mm、高450〔380〕mm、最大積載量1750kg、車両総重量3385〔3500〕kg、最低地上高195mm、最高速85km/h、最小回転半径5.8m、エンジン：DL201型水冷4サイクル直列予燃焼室式4気筒1991cc、ボア・ストローク83×92mm、圧縮比21、最高出力55ps/3800rpm、最大トルク12.3kgm/2200rpm、変速機：前進4段後退1段、タイヤサイズ（前）7.00-15-6P（後）7.50-15-10P
※〔　〕内は高床TK351-2型

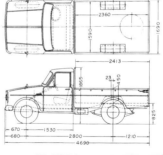

三菱ジュピター

三菱では、水島製作所と名古屋製作所、それに東京製作所・川崎製作所でそれぞれ自動車をつくっていた。1963年に三分割されていたものが合併して三菱重工業になったが、それ以前のまま各事業所ごとに開発と生産を独自にしていた。ジュピターとジュピタージュニアは水島製作所で、キャンターは川崎製作所だった。水島製作所でつくっていたオート三輪車は1962年で生産がうち切られ、軽自動車とトラックが中心となった。ジュピターは1959年12月、ジュピタージュニアは1963年4月で、1965年7月にはジュニアキャブオーバートラックも発売されている。しかし、最終的には1963年3月につくられたキャンターが三菱の小型トラックの中心となっている。

三菱ジュピター・ディーゼルT10DAH型
全長5400mm、全幅1930mm、全高1920mm、ホイールベース3310mm、トレッド(前)1370mm(後)1400mm、荷台:長3050mm、幅1800mm、高380mm、積載量2500kg、車重1950kg、最低地上高220mm、最高速80km/h、最小回転半径6.3m、エンジン:水冷直列4気筒OHV2199cc、ボア・ストローク79.4×111.1mm、最高出力61ps/3600rpm、最大トルク14kgm/2200rpm、変速機:前進4段後退1段、タイヤサイズ:7.00-16-10P

三菱ジュピタージュニア・キャンター

三菱ジュピタージュニア・ディーゼルT50型
全長4680mm、全幅1685mm、全高1750mm、ホイールベース2780mm、トレッド（前）1390mm
（後）1380mm、荷台：長2300mm、幅1585mm、高415mm、積載量2000kg、車両総重量3805kg、
最低地上高210mm、最高速110km/h、最小回転半径5.7m、エンジン：1995cc、ボア・ストローク
84×90mm、圧縮比8、最高出力70ps/4200rpm、最大トルク13.5kgm/2400rpm、変速機：前進
4段後退1段、タイヤサイズ（前）7.00-16-6〜10P（後）7.50-16-12〜14P

三菱ふそうキャンターT720
（高床）
全長4665mm、全幅1695mm、全
高1990mm、ホイールベース
2285mm、最大積載量2000kg、車
両重量1670kg、最高速95km/h、
最小回転半径4.8m、エンジン：水冷
4サイクル4気筒ディーゼル
1986cc、圧縮比18.5、最高出力
68ps/4200rpm、最大トルク
13.8kgm/2400rpm、変速機：前
進4段後退1段、タイヤサイズ（前）
7.00-15-6P（後）7.50-15-10P

マツダ クラフト

マツダのトラックでは、最初からキャブオーバータイプのほうが本命だった。オート三輪車の伝統を受け継いで荷台の優先思想があったからであろう。先に紹介した最初の四輪トラックのD1500がモデルチェンジされて1965年にマツダクラフトになり、D2000が1964年に同じくE2000になっている。いっぽうで、1961年にはボンネットタイプの1500cc車であるB1500を出したもののサスペンションに問題が生じて販売が伸びなかった。その後、これがプロシードとなるが、やはり成功とはいえなかった。

マツダ クラフト1トン積標準車
全長4500〔4510〕mm、全幅1690mm、全高1930〔1985〕mm、ホイールベース2600mm、トレッド（前）1400mm（後）1390mm、荷箱：長2650〔2675〕mm、幅1600mm、深さ420〔370〕mm、最大積載量1000〔1500〕kg、車両重量1300〔1445〕kg、最高速100〔95〕km/h、最小回転半径4.9m、エンジン：水冷直列4シリンダーOHV1484cc、ボア・ストローク75×84mm、圧縮比7.6、最高出力60ps/4600rpm、最大トルク10.4kgm/3000rpm、変速機：前進4段後退1段、タイヤサイズ（前）6.00-16-6P（後）6.00-16-8P〔7.00-16-10P〕
〔 〕内1.5トン積平床三方開車

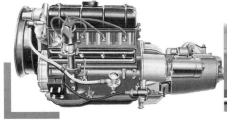

マツダB1500・E2000

マツダB1500
全長4150mm、全幅1510mm、全高1555mm、
ホイールベース2495mm、トレッド（前）
1210mm（後）1200mm、荷台：
長1850mm、幅1360mm、
高415mm、最大積載量
1000kg、車両重量1125
kg、最高速110km/h、
最小回転半径5.4m、
エンジン：水冷直列4気筒
OHV1484cc、
ボア・ストローク75×84
mm、圧縮比7.6、最高出力60
ps/4600rpm、最大トルク10.4kgm
/3000rpm、変速機：前進4段後退1
段、タイヤサイズ（前）6.00-14-6P
（後）6.00-14-8P

マツダE2000（EVA12）
全長4685mm、全幅1690mm、
全高1990mm、ホイールベース
2495mm、最大積載量2000kg、
車両重量1655kg、最高速
105km/h、最小回転半径5.1m、エ
ンジン：水冷4サイクル4気筒
1985cc、圧縮比7.0、最高出力
81ps/4600rpm、最大トルク
15.5kgm/2000rpm、変速機：前
進4段後退1段、タイヤサイズ（前）
7.00-16-6P（後）7.00-16-10P

ダイハツD150・F175型

ダイハツもボンネットタイプとキャブオーバータイプの小型トラックを1960年代初めから用意している。1961年登場のD150とF175はエンジンがディーゼルとガソリンの違いで実質的には同じ車種である。ガソリンエンジンのF175のほうが出力性能が良いぶん積載量が多くなっている。キャブオーバーのV200はベスパの後継車種として1962年に登場している。乗用車ムードのハイラインも1962年に市販されている。

ダイハツD150型

全長4665mm、全幅1680mm、全高1715mm、ホイールベース2720mm、トレッド（前）1375mm（後）1360mm、荷箱：長2380mm、幅1570mm、高425mm、最大積載量1500kg、最低地上高210mm、最高速90km/h、最小回転半径5.5m、エンジン：水冷直列4気筒OHV1484cc、最高出力40ps/3800rpm、最大トルク8.7kgm/2400rpm、変速機：前進5段後退1段、タイヤサイズ（前）7.00-15-6P（後）7.50-15-8P

ダイハツF175型

全長4665mm、全幅1680mm、全高1725mm、ホイールベース2720mm、トレッド（前）1375mm（後）1360mm、荷箱：長2380mm、幅1570mm、高425mm、最大積載量1750kg、最低地上高210mm、最高速100km/h、最小回転半径5.5m、エンジン：水冷直列4気筒OHV1490cc、ボア・ストローク78×78mm、圧縮比8.2、最高出力68ps/4800rpm、最大トルク11.5kgm/3600rpm、変速機：前進4段後退1段、タイヤサイズ（前）7.00-15-6P（後）7.50-15-10P.

ダイハツV200型・ハイライン

ダイハツ V200 型

全長4690mm、全幅1690mm、全高１９７５ｍｍ、ホイールベース2600mm、トレッド（前）1355mm（後）1260mm、荷台：長3065mm、幅1560mm、高350mm、最大積載量2000kg、最低地上高200mm、最小回転半径5.2m、エンジン：水冷直列4気筒OHV1490cc、ボア・ストローク78×78mm、圧縮比8.2、最高出力68ps/4800rpm、最大トルク11.5kgm/3600rpm、変速機：前進6段後退2段、タイヤサイズ（前）6.00-16-8P（後）6.50-16-8P

ダイハツ ハイライン

全長4160〔4690〕mm、全幅1560mm、全高1590mm、ホイールベース2565〔2860〕mm、トレッド（前）1265mm（後）1250mm、荷台：長1870〔2400〕mm、幅1440mm、高410mm、最大積載量1000kg、車両重量1140〔1180〕kg、最低地上高190mm、最高速100km/h、最小回転半径5.2〔5.7〕m、※〔　〕内はロングボディ

エンジン：強制水冷直列4気筒1490cc、最高出力68ps/4800rpm、最大トルク11.5kgm/3600rpm、変速機：前進4段後退1段、タイヤサイズ（前）6.00-14-6P（後）6.00-14-8P

プリンス クリッパー・マイラー

プリンスのトラックは、乗用車の進化と足並みを揃えている。2代目となるクリッパーは1966年に登場している。エンジンは1.9リッターになり、ノンスリップデフを装備した。ボンネットトラックのマイラーのほうは1965年にモデルチェンジされている。重量物はクリッパーに任せて、こちらは乗り心地を優先したものになった。ホーマーの登場は1964年9月である。これをライトバンにしたのがホーミーである。

プリンス スーパークリッパー T631-4型
全長4690mm、全幅1695mm、全高1975〔1980〕mm、ホイールベース2345mm、トレッド（前）1370mm（後）1356mm、荷台：長3180〔3160〕mm、幅1570〔1590〕mm、高440〔385〕mm、積載量2000kg、車両総重量3745〔3865〕kg、最低地上高190mm、最高速107km/h、最小回転半径5.4m、エンジン：水冷直列4気筒OHV1862cc、ボア・ストローク84×84mm、圧縮比8、最高出力91ps/4800rpm、最大トルク15kgm/3600rpm、変速機：前進4段後退1段、タイヤサイズ（前）7.50-15-6P〔7.50-15-8P〕（後）7.50-15-8P〔7.50-15-10P〕 ※〔〕内は高床型

プリンス スーパーマイラー2トン積高床型
全長4690mm、全幅1695mm、全高1790mm、荷台：長2410mm、幅1590mm、高335mm、ホイールベース2800mm、トレッド（前）1358mm（後）1350mm、積載量1750kg、車両総重量3525kg、最低地上高190mm、最高速110km/h、最小回転半径5.7m、エンジン：水冷直列4気筒OHV1862cc、ボア・ストローク84×84mm、圧縮比8、最高出力91ps/4800rpm、最大トルク15kgm/3600rpm、変速機：前進4段後退1段、タイヤサイズ（前）7.00-16-6P（後）7.50-16-10P

プリンス ホーマー

プリンス ホーマー T640 型
全長４３３０ｍｍ、全幅1690mm、全高1900mm、ホイールベース2260mm、トレッド（前）１３６０ｍｍ（後）1380mm、荷台：長2750mm、幅1580mm、高415〔380〕mm、積載量1250kg、車両総重量2640〔2700〕kg、最低地上高200mm、最高速105km/h、最小回転半径4.8m、エンジン：水冷直列４気筒OHV1484cc、ボア・ストローク75×84mm、圧縮比8.3、最高出力70ps／４８００ｒｐｍ、最大トルク11.5kgm/3600rpm、変速機：前進４段後退１段、タイヤサイズ（前）6.50-14-6P（後）6.50-14-8P※〔　〕内は高床型

ニッサン ジュニア

トラック部門でトヨタに遅れた日産は、1960年代になってモデルチェンジやマイナーチェンジをくり返した。1960年にはジュニアとキャブオールが新型になり、その後もエンジンを換装してフェイスアップした。キャブライトは1964年に新しくA220型となり、それでも不振が続いたために1968年にはフルキャブオーバータイプのキャブスターに取って代わった。キャブオールのほうも、1966年にモデルチェンジされてC240型になっている。この1年後の1967年にキャブオールのエンジンがプリンス系のクリッパーにも搭載されている。

ニッサン ジュニア B140 型

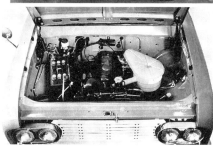

全長4660mm、全幅1690mm、全高1730mm、ホイールベース2800mm、トレッド（前）1380mm（後）1400mm、荷台：長2310mm、幅1590mm、高415mm、最大積載量2000kg、車重1500kg、エンジン：1883cc、ボア・ストローク85×83mm、圧縮比8.0、最高出力85ps/4800rpm、最大トルク15.2kgm/3200rpm、タイヤサイズ（前）7.00-16（後）7.50-16

ダットサン キャブライト・キャブスター

ダットサン キャブライト A120 型

全長3715mm、全幅1592mm、全高1770mm、ホイールベース2220mm、トレッド（前）1294mm（後）1311mm、荷台：長2020mm、幅1492mm、高398mm、最大積載量850kg、車両総重量1785kg、最低地上高170mm、最高速75km/h、最小回転半径5m、エンジン：水冷直列4気筒SV860cc、ボア・ストローク60×76mm、圧縮比6.7、最高出力27ps/4200rpm、最大トルク5.3kgm/2400rpm、変速機：前進4段後退1段、タイヤサイズ5.50-15-6P

ダットサン キャブライト A220 型

全長3825mm、全幅1608mm、全高1710mm、ホイールベース2220mm、最大積載量1000kg、車両重量890kg、最低地上高170mm、最高速75km/h、最小回転半径5m、エンジン：水冷直列4気筒OHV1046cc、最高出力40ps/4800rpm、最大トルク7.2kgm/2400rpm、変速機：前進4段後退1段、タイヤサイズ（前）5.50-14-6P、（後）5.50-14-8P

ニッサン キャブオール

ニッサン キャブオール C140 型

全長4580mm、全幅1675mm、全高1990mm、ホイールベース2390mm、トレッド（前）1390mm（後）1410mm、荷台：長3095mm、幅1560mm、高450mm、最大積載量2000kg、車両総重量3670kg、最低地上高190mm、最高速103km/h、最小回転半径5．3m、エンジン：水冷直列4気筒OHV1488cc、ボア・ストローク80×74mm、圧縮比8.0、最高出力71ps/5000rpm、最大トルク11.5kgm/3200rpm、変速機：前進4段後退1段 タイヤサイズ（前）7.00-15-6P（後）7.00-15-10Pまたは7.00-15-12P

ダットサン キャブオール C240 型

全長4690mm、全幅1690mm、全高1990mm、ホイールベース2500mm、最大積載量2000kg、車両重量1520kg、最低地上高180mm、最高速110km/h、最小回転半径5.3m、エンジン：水冷直列4気筒OHV1982cc、最高出力92ps/4800rpm、最大トルク16.0kgm/3200rpm、変速機：前進4段後退1段、タイヤサイズ（前）7.000-15-6P、（後）7.00-15-10P

ダットサン キャブスター A320 型

全長4185mm、全幅1600mm、全高1805mm、ホイールベース2380mm、荷台（内寸）：長2640mm、幅1510mm、高430mm、最大積載量1000kg、車両重量940kg、最低地上高185mm、最高速100km/h、最小回転半径4.8m、エンジン：水冷4サイクル直列4気筒1198cc、圧縮比8.2、最高出力56ps/5000rpm、最大トルク9.2kgm/3200rpm、変速機：前進4段後退1段、タイヤサイズ（前）5.50-14-6PR（後）5.50-14-8PR

ダットサン トラック

1959年に登場したダットサン310型乗用車が初代のブルーバードで、これとともに登場したトラックがダットサン320型で、アメリカ輸出の中心になったものだが、それまでのものより力強くあか抜けたスタイルになっている。その後、1963年にブルーバードのモデルチェンジを受けて新しく520型となり、さらに1967年に登場した510型とともにモデルチェンジされて521型となっている。同じくサニートラックも1966年に乗用車とともに登場したもので、これをベースにしたサニーキャブも加わっている。

ダットサン1200トラック320型

全長4125mm、全幅1515mm、全高1610mm、ホイールベース2470mm、トレッド（前）1170mm（後）1187mm、荷台（内寸）：長1850mm、幅1427mm、高406mm、最大積載量1000kg、車両総重量2065kg、最低地上高200mm、最高速105km/h、最小回転半径5.2m、エンジン：E1型水冷4サイクル直列4気筒OHV1189cc、ボア・ストローク73×71mm、圧縮比8.2、最高出力55ps/4800rpm、最大トルク8.8kgm/3600rpm、変速機：前進4段後退1段、タイヤサイズ（前）6.00-14-6P（後）6.00-14-8P

ダットサン1300トラック520型

全長4245mm、全幅1575mm、全高1545mm、ホイールベース2530mm、荷台（内寸）：長1850mm、幅1430mm、高400mm、最大積載量1000kg、車両重量975kg、最低地上高200mm、最高速120km/h、最小回転半径5.2m、エンジン：水冷4サイクル直列4気筒1299cc、圧縮比8.2、最高出力62ps/5000rpm、最大トルク10.0kgm/2800rpm、変速機：前進4段後退1段、タイヤサイズ（前）6.00-14-6P（後）6.00-14-8P

ダットサントラックロングボディG521S型

全長4680mm、全幅1575mm、全高1545mm、ホイールベース2770mm、荷台（内寸）：長2240mm、幅1430mm、高400mm、最大積載量1000kg、車両重量1010kg、最低地上高200mm、最高速120km/h、最小回転半径5.6m、エンジン：水冷4サイクル直列4気筒1299cc、圧縮比8.2、最高出力62ps/5000rpm、最大トルク10.0kgm/2800rpm、変速機：前進4段後退1段、タイヤサイズ（前）6.00-14-6P（後）6-14-8P

ダットサン サニートラック

サニートラック1000

全長3800mm、全幅1445mm、全高1385mm、ホイールベース2280mm、トレッド（前）1190mm（後）1180mm、
荷台：長1535mm、幅1230mm、高380mm、最大積載量500kg、最高速130km/h、最小回転半径4.0m、エンジン：
A10型水冷4サイクル直列4気筒OHV988cc、ボア・ストローク73×59mm、圧縮比8.5、最高出力56ps/6000rpm、
最大トルク7.7kgm/3600rpm、変速機：前進3段後退1段、タイヤサイズ（前）5.00-12-4P（後）5.00-12-6P

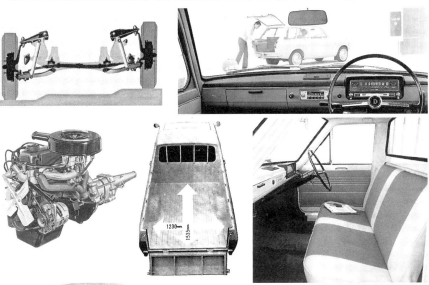

サニーキャブC20型

全長3715mm、全幅1500mm、全高1715mm、
ホイールベース2370mm、荷台（内寸）：長
2170mm、幅1400mm、高405mm、最大積載
量600kg、車両重量730kg、最低地上高170mm、
最高速110km/h、最小回転半径4.3m、エンジン：
水冷4サイクル直列4気筒988cc、圧縮比8.5、最
高出力56ps/6000rpm、最大トルク7.7kgm/
3600rpm、変速機：前進4段後退1段、タイヤサ
イズ（前）5.00-12-4P（後）5.00-12-6P

日野 ブリスカ

ルノーと提携した日野自動車は、そこで培った技術をもとにコンテッサを開発するとともに、小型トラック部門にも参入した。大型トラックから出発したものの、小型車クラスではユーザー調査をしてボンネットタイプのトラックを選択した。ブリスカの登場は1961年であるが、1964年には早くもコンテッサのモデルチェンジが実施されるのにともなって、ブリスカもニュータイプになっている。また、マルチパーパスカーとしては先駆的であったコンマースは1960年の発売で、こちらのエンジンはルノー用の改良型である。

日野ブリスカ900
全長3840mm、全幅1620mm、全高1625mm、ホイールベース2230mm、荷台：長1625mm、幅1420mm、高360mm、積載量750kg、車両総重量1840kg、最低地上高180mm、最高速91km/h、エンジン：水冷直列4気筒OHV896cc、ボア・ストローク60×79mm、圧縮比8.0、最高出力35ps/5000rpm、最大トルク6.5kgm/3200rpm、変速機：前進4段後退1段

日野ブリスカ1300 FH100
全長4275mm、全幅1640mm、全高1595mm、ホイールベース2520mm、荷台（内寸）：長1850mm、幅1490mm、高405mm、最大積載量1000kg、車両重量1080kg、最低地上高195mm、最高速110km/h、最小回転半径5.2m、エンジン：水冷4サイクル直列4気筒1251cc、圧縮比8.5、最高出力55ps/5000rpm、最大トルク9.7kgm/3200rpm、変速機：前進4段後退1段、タイヤサイズ（前）6.00-14-6PR（後）6.00-14-8PR

日野 コンマース

日野コンマース PB10型

全長3930mm、全幅1690mm、全高1880mm、ホイールベース2100mm、トレッド（前後とも）1300mm、荷台：長2420mm、幅1470mm、高1375mm、積載量500kg、車両総重量1625kg、最低地上高205mm、最高速82km/h、最小回転半径4.6m、エンジン：水冷直列4気筒OHV836cc、ボア・ストローク60×74mm、圧縮比7.9、最高出力28ps/4600rpm、最大トルク5.3kgm/2800rpm、変速機：前進4段後退1段、タイヤサイズ：5.50-14-6PR

トヨタ トヨエース

1959年にモデルチェンジされてからのトヨエースは、エンジンをP型やR型などに換装して充実が図られた。いずれもマイナーチェンジによりスタイルの一部を新しくしている。そのたびに装備や車種が追加された。スタウトは1960年にモデルチェンジされてRK45型となり、ルートトラックとして登場したダイナは1963年に新型のRK170型になった。

トヨエース PK30型

全長4260〔4285〕mm、全幅1690mm、全高1905〔1925〕mm、ホイールベース2500mm、トレッド（前）1390mm（後）1350mm、荷台：長2610mm、幅1585mm、高415〔380〕mm、最大積載量1000〔1500〕kg、車両総重量2315〔2930〕kg、最低地上高185〔205〕mm、最高速95km/h、最小回転半径5.3m、エンジン：直列4気筒OHV1198〔1453〕cc、ボア・ストローク76.6×65〔77×78〕mm、圧縮比7.8〔7.5〕、最高出力55ps/5000rpm〔60/4500〕、最大トルク8.8kgm/2800rpm〔11.0/3000〕、変速機：前4段後退1段、タイヤサイズ（前）6.00-14-6P〔6.50-15-6P〕（後）6.00-14-8P〔7.00-15-8P〕　※〔　〕内は高床三方開車1.5トン積

トヨエース PK32型

全長4235〔4270〕mm、全幅1690mm、全高1920〔1970〕mm、ホイールベース2500mm、トレッド（前）1390mm（後）1350mm、荷台：長2610mm、幅1585mm、高415〔380〕mm、最大積載量1000〔1500〕kg、車両総重量2295〔2940〕kg、最低地上高170〔190〕mm、最高速100〔115〕km/h、最小回転半径5.7〔5.3〕m、エンジン：直列4気筒OHV1345〔1490〕cc、ボア・ストローク76.6×73〔78×78〕mm、圧縮比8.3、最高出力65ps/5000rpm〔77/5200〕、最大トルク10.3kgm/3000rpm〔11.7/2800〕、変速機：前4段後退1段、タイヤサイズ（前）6.00-14-6P〔6.50-15-6P〕（後）6.00-14-8P〔7.00-15-8P〕　※〔　〕内は高床三方開車1.5トン積

トヨペット スタウト・ダイナ

トヨペットスタウトRK45型
全長4690mm、全幅1690mm、全高1750mm、ホイールベース2800mm、トレッド（前）1390mm（後）1350mm、荷台：長2275mm、幅1575mm、高425mm、最大積載量1750kg、車両総重量3335kg、最低地上高210mm、最高速105km/h、最小回転半径5.7m、エンジン：直列4気筒OHV1453cc、ボア・ストローク77×78mm、圧縮比7.5、最高出力60ps/4500rpm、最大トルク11kgm/3000rpm、変速機：前4段後退1段、タイヤサイズ（前）7.00-15-6P（後）7.50-15-10P

トヨタダイナRK170型
全長4690mm、全幅1695mm、全高1990mm、ホイールベース2800mm、荷台（内寸）：長3100mm、幅1600mm、高420mm、最大積載量2000kg、車両重量1520kg、最低地上高180mm、最高速105km/h、最小回転半径5.7m、エンジン：水冷4サイクル直列4気筒1897cc、圧縮比7.7、最高出力80ps/4600rpm、最大トルク14.5kgm/2600rpm、変速機：前進4段後退1段、タイヤサイズ（前）6.50-15-6P（後）7.50-15-10P

トヨタ ハイエース

物資の輸送を中心としたトラックとは異なり、貨客兼用型でキャブオーバータイプ車を1960年代の後半から充実させたのがトヨタの特徴である。その第一段がハイエースで、1967年10月に姿を見せている。次いでパブリカをベースにしたミニエースが同じ年の11月に登場している。こちらのほうは1970年にカローラベースのライトエースに席を譲って短命に終わっている。また、輸出を意識したピックアップタイプのトラックであるハイラックスは1968年3月に発売されている。

トヨタハイエースPH10型

全長4305mm、全幅1690mm、全高1890mm、ホイールベース2350mm、トレッド（前）1360mm（後）1355mm、荷台：長2670mm、幅1405mm、高1315mm、最大積載量850kg、車両総重量2145kg、最低地上高180mm、最高速110km/h、最小回転半径5.0m、エンジン：直列4気筒OHV1345cc、ボア・ストローク76.6×73mm、圧縮比8.3、最高出力65ps/5000rpm、最大トルク10.3kgm/3000rpm、変速機：前進4段後退1段、タイヤサイズ（前）6.00-13-6P（後）6.00-13-8P

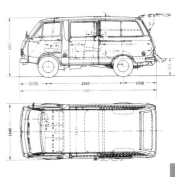

トヨタ ハイラックス

トヨタ ハイラックス RN10型
全長4215〔4610〕mm、全幅
1580mm、全高1575mm、ホイール
ベース2535〔2785〕mm、トレッド
（前後）1290mm、荷台：長1850
〔2250〕mm、幅1430mm、高
410mm、最大積載量1000kg、車両総
重量2190〔2250〕kg、最低地上高
190mm、最高速130km/h、最小回転
半径5.1〔5.5〕m、エンジン：直列4気
筒OHV1490cc、ボア・ストローク78
×78mm、圧縮比8.3、最高出力77ps/
5200rpm、最大トルク11.7kgm/
2800rpm、変速機：前4段後退1段、タ
イヤサイズ（前）6.00-14-6P（後）
6.00-14-8P　※〔　〕内はロング・デ
ラックス車

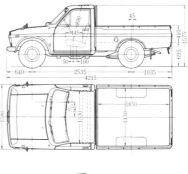

1960年代までの主なメーカーの沿革一覧 (50音順)

■いすゞ

石川島造船所／東京瓦斯電気工業／ダット自動車製造／自動車工業／東京自動車工業／
ヂーゼル自動車工業／いすゞ自動車

1876年10月	平野富二、旧徳川幕府の工場跡地に石川島平野造船所設立
1889年1月	石川島造船所として創立
1893年9月	東京石川島造船所と改称
1910年8月	東京瓦斯工業創立
1913年6月	東京瓦斯工業、東京瓦斯電気工業と改称
1916年5月	東京石川島造船所、東京瓦斯電気工業、自動車製造を計画
1918年11月	英国ウーズレー自動車会社と提携、製造販売権を得る
1919年3月	東京瓦斯電気工業、T.G.E.貨物車で軍用自動車補助法、初の適用
1922年12月	ウーズレーA9型国産乗用車第1号車完成、試運転を実施
1924年3月	関東大震災で深川分工場焼失、月島工場を新佃島に再建、ウーズレーCP型トラックで軍用自動車補助法の適用を受ける
1926年9月	実用自動車、ダット自動車商会を引継ぎダット自動車製造設立
1928年12月	新型車名称募集、「スミダ」に決定、CL型探照灯自動車完成
1929年5月	東京石川島造船所、石川島自動車製作所を設立
1933年3月	石川島自動車製作所とダット自動車製造が合併して自動車工業に改称
1934年7月	商工省標準形式車名を伊勢の五十鈴川から「いすゞ」と命名
1937年4月	自動車工業と東京瓦斯電自動車部が合併して東京自動車工業に改称
1938年8月	東京自動車工業、いすゞTX40型トラック発表
1941年4月	東京自動車工業、ヂーゼル自動車工業と改称
1949年7月	ヂーゼル自動車工業、いすゞ自動車と改称
1959年4月	2トン積小型トラック、エルフTL型発表、翌年ディーゼルも追加

■オオタ／くろがね

太田自動車製作所／高速機関工業／日本内燃機／オオタ自動車工業／日本自動車工業／
東急くろがね工業

1922年 ——	東京・神田の太田自動車製作所、太田祐雄自ら設計の水冷2気筒の4気筒スポーツカー、オーエス号に着手

| 1928年1月 | 日本自動車株式会社自動自転車工場、ニューエラ号の生産開始 |

1928年1月　日本自動車株式会社自動自転車工場、ニューエラ号の生産開始
1930年　　　太田自動車製作所、オオタ号のトラックに着手
1932年9月　日本内燃機株式会社を設立して独立、新発足する
1935年10月　太田自動車製作所に三井物産が資本参加、高速機関工業設立
1936年4月　新工場、東京の東品川に建設、稼動を開始
　　12月　新型オオタトラック発売、750ccエンジン搭載、500kg積
1937年1月　日本内燃機、750cc3輪トラック生産にともない車名をくろがね号と改称
1942年11月　日本内燃機、事業拡張により大森、蒲田、川崎、寒川、尼崎の5工場が稼動
1946年1月　日本内燃機、終戦により民需産業へ転換、大森と寒川工場にて操業開始
1949年4月　企業再建整備法により、日本内燃機製造株式会社として再発足
1949年──　オオタOS型トラック発売
1951年12月　オオタKA型トラック、VC型ライトバン発売
1952年10月　オオタKC型トラック発売
　　12月　高速機関工業、オオタ自動車工業へ社名変更
1957年4月　日本内燃機、オオタ自動車工業を吸収合併、日本自動車工業へ社名変更
　　11月　くろがねマイティNA、オート4輪トラックとして発売、注目される
1959年3月　日本自動車工業、東急くろがね工業へ社名変更
　　3月　くろがねニューマイティNC、オオタ製4気筒エンジンを搭載して発売
　　9月　くろがねNF型国産車初の4灯式ヘッドランプで発表
1960年9月　エア・サスペンション採用のくろがねノーバ1500トラックを発売
1962年1月　東急くろがね工業、自動車の生産を中止
1964年9月　東急機関工業（株）業務引継ぎ、日産自動車の下請けに

■ダイハツ
発動機製造／ダイハツ工業

1907年3月　内燃機関の製作を目的に発動機製造創立
1910年4月　大阪砲兵工廠国産軍用トラック第1号「甲号」完成
1919年3月　大阪砲兵工廠より発注の軍用自動貨物車を完成
1930年12月　第一号3輪トラックHA型を完成
1937年4月　小型4輪自動車、4輪駆動車を完成
1939年5月　池田工場稼動開始、戦後は3輪および4輪トラック専門工場へ
1949年3月　3輪トラックの生産を再開
1951年10月　リアエンジンの本格的3輪乗用車BEE（ビー）を完成、発売
　　12月　発動機製造、ダイハツ工業と社名変更

1955年11月　小型4輪トラックの試作車を完成

1957年8月　軽3輪車ミゼット生産開始、人気を得る

1958年10月　キャブオーバータイプの小型4輪トラックのベスタを発売全国にベスタ販売会
社設置

1960年4月　大阪国際見本市にD150小型4輪ディーゼルトラック試作型を展示

10月　ボンネットタイプのF175小型4輪トラックを発売

10月　型式DV200、呼称V200型小型4輪トラックを発売
ベスタ販売会社がダイハツモータースに社名変更

1961年10月　小型4輪車の第二弾、小型ライトバンをモーターショーで発表

1962年8月　ハイラインF100型小型4輪トラックを発売

9月　V200型小型4輪トラック、1900ccエンジンを搭載して発売

10月　モーターショーにコンパクトライトバンとスーパーハイゼットを参考出品

1963年1月　スーパーハイゼットをニューラインL50型小型4輪トラックとして発売

5月　ボンネット型F200型およびV200型ロングボディ車を発売

1965年10月　イタリアンスタイルのコンパーノトラック500kg積を発売

1966年11月　トヨタ自動車とダイハツ工業が業務提携する

■トヨタ

豊田自動織機製作所／トヨタ自動車工業

1918年1月　豊田佐吉、豊田紡織設立

1926年11月　(株)豊田自動織機製作所設立

1933年9月　豊田自動織機製作所、自動車製造決議

1935年11月　豊田自動織機製作所、東京で1.5トン積G1型トラック発表

1936年9月　豊田自動織機製作所、自動車製造事業法許可会社となる

1937年8月　トヨタ自動車工業設立（資本金1200万円）

1943年10月　トヨタ自動車工業、自動車工業確立の功績により、商工大臣より表彰

1947年4月　トヨタSB型トヨペットトラックの生産を開始

1951年6月　斬新なスタイルのトヨタBX型トラックを発表

1955年11月　トヨペットマスターラインRR16型・17型を発表

1956年7月　トヨペットライトトラックSKB型をトヨエースと命名

1957年1月　トヨペットルートトラックを発表

3月　初のディーゼルトラックDA60型（5トン積）を発表

1959年3月　トヨエースをフルモデルチェンジ、SK20型を発売

4月　トヨペットルートトラックRK85型、ティルトキャブを採用して登場

1962年9月	1.5トン積のトヨエースPK40型を追加
10月	X型フレームを持つRS46型マスターラインを発売
1963年3月	ダイナがフルモデルチェンジ、クラス初の4灯式RK170型が登場
1965年6月	6トン積ディーゼルトラックDA116型ロングボディを発表
1966年10月	日野自動車との業務提携発表
11月	トヨタ、ダイハツ業務提携
1967年5月	日野との提携でブリスカがトヨタ販売店扱いになる
1968年2月	トヨタ・ハイラックスRN10日野自動車にて生産開始

■日産／日産ディーゼル

快進社／実用自動車製造／ダット自動車製造／自動車製造／日産自動車／日本デイゼル／
鐘淵デイゼル／民生デイゼル工業／日産ディーゼル工業／UDトラックス

1911年4月	橋本増治郎、快進社自働車工場を東京に設立
1914年3月	第二号車に「ダット自動車」と命名、上野の大正博覧会に出品
1919年12月	実用自動車製造、大阪に創立、ゴーハム式三輪車生産開始
1924年10月	ダット41型トラック、甲種軍用保護自動車検定合格
1926年9月	実用自動車、ダット自動車商会を引継ぎダット自動車製造設立
1931年6月	ダット自動車製造を戸畑鋳物が傘下にして増資
1932年3月	ダットの小型車ダットソン、「ダットサン」に車名変更
1933年3月	ダット自動車製造と石川島自動車合併して自動車工業に改称
	鮎川義介の戸畑鋳物、ダット自動車製造の大阪工場を買収
9月	戸畑鋳物、自動車工業から「ダットサン」製造、営業権利譲受
12月	戸畑鋳物と鮎川義介の日本産業により日産自動車設立
1935年12月	日本デイゼル工業、埼玉県・川口に創立
1936年9月	日産自動車、自動車製造事業法許可会社となる
1937年3月	ニッサン車、乗用車、トラック、バスの生産を開始
1946年5月	1942年12月に鐘淵デイゼル工業、この年、民生産業と改称
1953年12月	1950年5月に民生デイゼルと改称、この年、日産資本参加
1960年12月	日産ディーゼル工業と改称、翌年に上尾工場建設に着手
1962年11月	日産自動車、愛知機械工業と技術提携、1965年業務提携
1964年12月	日産自動車座間工場生産第一号車、ジュニアの生産開始
1966年4月	日産自動車、プリンス自動車工業と合併
1969年2月	ダットサン、トラック単一車種で日本初の100万台を突破

■日野

東京瓦斯電気工業／東京自動車工業／ヂーゼル自動車工業／日野重工業／日野産業／
日野ヂーゼル工業／日野自動車工業

1910年8月　東京瓦斯工業創立
1913年6月　東京瓦斯工業、東京瓦斯電気工業（株）と改称
1917年──　東京瓦斯電気工業、発動機部、軍用制式4トントラック製作開始
1918年1月　東京瓦斯電気工業、東京市の注文により撒水車、病院自動車、塵芥運搬車製作
　　　3月　東京瓦斯電気工業、自動車部設置
　　　　　東京瓦斯電気工業、T.G.E.最初の軍用貨物資格取得
1930年12月　省営自動車岡多線開業、T.G.E.車とスミダ号使用
1937年8月　東京瓦斯電気工業自動車部、東京自動車工業と合併、大森製造所となる
1938年9月　東京自動車工業、日野工場建設着工
1940年12月　東京自動車工業日野製造所完成
1941年4月　東京自動車工業、ヂーゼル自動車工業へと社名変更
1942年5月　ヂーゼル自動車工業日野製造所を分離、日野重工業設立
1946年3月　社名を日野産業と改称
　　　8月　日野産業(株)AT10・20型トレーラトラック1号車完成
1948年12月　日野産業から日野ヂーゼル工業へと社名変更
1950年5月　TH10型ディーゼルトラック、BH10型ディーゼルバス発表
1952年12月　国産初のアンダー・フロアエンジンバスBD10・30型発売
1959年6月　日野自動車工業（株）と社名変更
　　　10月　小型商業車コンマースPB10型発表会
1961年3月　小型トラック「ブリスカ」全国32都市で発表展示会
1964年7月　KM300、320型3.5トン積中型トラック日野レンジャー発売
1965年5月　小型トラックFH100型ブリスカ1300発売
1966年10月　日野自動車、トヨタ自動車との業務提携発表
1968年3月　小型車専門工場にて、トヨタ・ハイラックス、パブリカバン製造開始

■プリンス

たま電気自動車／たま自動車／富士精密工業／プリンス自動車工業

1917年9月　中島知久平、群馬県尾島町にて飛行機の設計を開始
1924年11月　石川島飛行機製作所、東京・月島に開設、陸軍機を生産
1931年12月　中島飛行機株式会社が発足

1936年7月	石川島飛行機製作所、立川飛行機に社名変更、中島飛行機の隼など生産
1938年1月	軍管理工場指定、終戦まで荻窪、小泉、武蔵、多摩、三鷹、浜松などに製作所、研究所を開設
1945年8月	終戦により富士産業と改称
1946年12月	立川飛行機から分離して東京都下府中にて電気自動車の試作を開始する
1947年6月	東京電気自動車として発足、翌年の商工省試験にて1位の成績を得る
1949年11月	東京電気自動車、石橋正二郎の援助によりたま電気自動車に社名変更、三鷹工場開設
1950年7月	企業再建整備法により富士産業12社に分割、荻窪および浜松製作所が富士精密工業株式会社として発足
1951年5月	たま電気自動車、オオタの高速機関工業とボディ、足回りの下請け製作を契約、たま製品をオオタとして販売
10月	富士精密工業、国産初の1500ccエンジン試作の完成
4月	富士精密工業、石橋正二郎により増資、ブリヂストンタイヤ系列となる
11月	たま電気自動車をたま自動車に社名変更、小型トラックと乗用車を試作
1952年3月	たま自動車、富士精密工業の1500ccエンジン搭載のプリンスセダン・ライトバン・トラックの展示会開催
11月	たま自動車、プリンス自動車工業(株)と社名変更
1954年4月	富士精密工業、プリンス自動車工業を吸収合併
1957年9月	新ボンネットトラック、プリンスマイラー発表
1958年10月	中型トラック、プリンスクリッパー発売
1959年5月	スカイウエイ・バン、ピックアップ発表
1961年3月	富士精密工業、プリンス自動車工業（株）と社名変更
1962年7月	村山工場稼動開始、グロリア、スカイライン1500など生産
1964年9月	1.25トン積キャブオーバートラックのプリンスホーマーを発売
1966年4月	日産・プリンス合併契約書調印

■ホンダ
本田技術研究所／本田技研工業株式会社

1922年4月	本田宗一郎、静岡を離れ東京・本郷のアート商会入社
1928年4月	本田宗一郎、静岡に自動車修理業のアート商会浜松支店を設立
1937年9月	本田宗一郎、アートピストンリング研究所設立
1939年4月	本田宗一郎、東海精機重工業入社、社長に就任
1942年1月	東海精機重工業、比率40%でトヨタ資本参加、後にトヨタ傘下に

1943年 8 月	本田宗一郎、日本楽器嘱託に、航空機用中空プロペラ原理考案
1946年 9 月	本田宗一郎、静岡・浜松に本田技術研究所設立
1948年 9 月	本田技研工業株式会社設立、二輪車とエンジンの生産を開始
1952年 4 月	本田技研工業、本社を東京・中央区に移転
1962年10月	第11回ホンダ会でS360とともに軽四輪トラックT360発表
1963年 8 月	水冷直 4 、DOHCエンジン搭載軽四輪トラックT360発売開始
1964年11月	狭山製作所四輪工場稼動開始
1965年10月	水冷直 4 、DOHC搭載、ライトバンL700発売
11月	水冷直 4 、DOHC搭載、小型ピックアップP700発売
1967年 6 月	空冷 2 気筒SOHCエンジン搭載、軽ライトバンLN360発売
10月	鈴鹿製作所四輪工場稼動開始
11月	空冷 2 気筒SOHCエンジン搭載、軽トラックTN360発売

■マツダ

東洋コルク工業株式会社／東洋工業株式会社／マツダ株式会社

1906年 ──	松田重次郎、大阪・中津村に松田製作所創立、ポンプなど製造
1916年11月	松田製作所、大阪・豊崎に移転し日本兵器製造と改称
1917年 9 月	松田重次郎、日本兵器退任。広島・仁保村で松田製作所再開
1918年 4 月	松田製作所、日本製鋼所と事業提携して広島製作所と改称
1920年 1 月	広島貯蓄銀行と広島財界人、東洋コルク工業を広島に設立
1921年 3 月	松田重次郎、二代目社長に就任
1927年 9 月	東洋工業株式会社に社名変更
1929年 4 月	工作機械の製作開始
1930年 9 月	広島県安芸郡府中町に新工場建設
1931年10月	三輪トラックの生産を開始
1940年 5 月	オースチン・セブンを範に四輪乗用車試作完成
1950年 6 月	1 トン積CA型小型四輪トラック、地域限定販売
1958年 4 月	1 トン積DMA型小型四輪トラック「ロンパー」、全国に向けて販売
1959年 3 月	水冷 4 気筒エンジン搭載小型四輪トラックDシリーズ発売
1961年 8 月	軽トラックB360に続きボンネット型小型四輪トラックB1500発売
1963年 9 月	乗用車センスの商用車、ファミリアバン800cc発売開始
1964年 1 月	フルキャブオーバーの 2 トン積E2000を発売
12月	500kg積ファミリアトラック発売、シリーズ月産 1 万台突破
1966年 5 月	1 ボックス・バンのRR車ボンゴ発売

■三菱／三菱ふそう

三菱造船神戸造船所／三菱重工業神戸造船所／東日本重工業／新三菱重工業／三菱重工業／
三菱自動車工業／三菱ふそうトラック・バス

1870年10月	岩崎彌太郎、土佐藩設立の九十九商会の運営責任者となる
1875年 9 月	三川商会、三菱商会、三菱汽船など経て郵便汽船三菱と改称
1888年12月	政府から長崎造船所を買い取り、三菱造船所と改称
1918年10月	三菱造船神戸造船所となり乗用車試作開始、三菱A型を完成
1920年 5 月	三菱造船神戸造船所、軍用トラック試作完成
1932年 5 月	大型ガソリンバスB46型を完成、「ふそう」と命名
1934年10月	三菱造船、三菱重工業と改称、三菱航空機を合併
1938年 9 月	神戸造船所の自動車事業を東京機器製作所に移管完了
1939年10月	東京機器製作所、ふそうBD46型ディーゼルバス完成
1943年 7 月	7 月東京、9 月に水島、11月に名古屋、航空機製作所を新設
1944年 1 月	三菱重工業名古屋および京都機器製作所新設
1949年12月	ふそう自動車販売設立
1950年 1 月	三菱重工業、東日本、中日本、西日本の各重工業 3 社に分割
1951年10月	東日本重工業川崎製作所、ふそうT31型トラック生産開始
1952年 5 月	中日本は新三菱重工業、西日本は三菱造船に改称
6 月	三菱ふそう自動車に改称
6 月	東日本は三菱日本重工業に改称
10月	川崎製作所、ふそうR2型リアエンジンバス生産開始
1953年 1 月	新三菱重工業、ジープ組み立てを開始
1959年 3 月	製造権買取認可
4 月	新三菱重工業、ジュピター中型トラックの生産を開始
1963年 3 月	三菱日本重工業、キャンター小型トラックの生産を開始
1964年 6 月	3 重工業が合併して、三菱重工業発足
1968年 7 月	デリカトラック発売
1969年 9 月	デリカライトバン、ルートバン発売

主要参考文献
• 小関和夫『カタログでたどる　日本のトラック・バス　1917 – 1975　トヨタ・日野・プリンス・ダ
イハツ・くろがね編』(三樹書房)
• 小関和夫『カタログでたどる　日本のトラック・バス　1918 – 1972　いすゞ　日産・日産ディーゼ
ル　三菱・三菱ふそう　マツダ　ホンダ編』(三樹書房)
• 各自動車メーカー社史／メーカー発表資料

〈著者紹介〉

桂木洋二 (かつらぎ・ようじ)

フリーライター。東京生まれ。1960年代から自動車雑誌の編集に携わる。1980年に独立。それ以降、車両開発や技術開発および自動車の歴史に関する書籍の執筆に従事。そのあいだに多くの関係者のインタビューを実施するとともに関連資料の渉猟につとめる。主な著書に『欧米日・自動車メーカー興亡史』『日本における自動車の世紀　トヨタと日産を中心に』『企業風土とクルマ　歴史検証の試み』『スバル360開発物語　てんとう虫が走った日』『初代クラウン開発物語』『歴史のなかの中島飛行機』『ダットサン510と240Z　ブルーバードとフェアレディZの開発と海外ラリー挑戦の軌跡』(いずれもグランプリ出版) などがある。

小型・軽トラック年代記	
三輪自動車の隆盛と四輪車の台頭　1904-1969	
著　者	桂木洋二
発行者	山田国光
発行所	株式会社**グランプリ**出版
	〒101-0051　東京都千代田区神田神保町1-32
	電話 03-3295-0005㈹　FAX 03-3291-4418
	振替 00160-2-14691
印刷・製本	モリモト印刷株式会社